Photoshop CC
图像处理案例教程

主　编　苏益冰　黄志鹏　全永青

副主编　蔡　芸　黄云飞　王于尹

重庆大学出版社

图书在版编目（CIP）数据

PhotoshopCC图像处理案例教程 / 苏益冰，黄志鹏，
全永青主编. —重庆：重庆大学出版社，2020.8（2023.8重印）
ISBN 978-7-5689-2152-7

Ⅰ.①P… Ⅱ.①苏… ②黄… ③全… Ⅲ.①图像处
理软件—职业高中—教材 Ⅳ.①TP391.413

中国版本图书馆CIP数据核字（2020）第119707号

PhotoshopCC 图像处理案例教程

主 编 苏益冰 黄志鹏 全永青
副主编 蔡 芸 黄云飞 王于尹
责任编辑：陈一柳 版式设计：陈一柳
责任校对：谢 芳 责任印制：赵 晟

*

重庆大学出版社出版发行
出版人：陈晓阳
社址：重庆市沙坪坝区大学城西路21号
邮编：401331
电话：（023）88617190 88617185（中小学）
传真：（023）88617186 88617166
网址：http://www.cqup.com.cn
邮箱：fxk@cqup.com.cn（营销中心）
全国新华书店经销
重庆长虹印务有限公司印刷

*

开本：787mm×1092mm 1/16 印张：22 字数：509千
2020年8月第1版 2023年8月第2次印刷
ISBN 978-7-5689-2152-7 定价：59.00元

当前市场上并不缺少图形图像处理类教程，甚至有点泛滥，但是考虑初学者接受能力、站在学习者的角度来编写的凤毛麟角。放眼书城中的图形图像处理教程，基础一点的大部分只介绍命令，虽然书中有操作介绍，但缺少相对应的学生感兴趣的案例；难度大一点的进阶教程，又大部分都是案例，且有些教程还为了做案例而做案例，没有将知识点很好地糅进案例中。有人说国外的教程会好点吧！国外的教程确实不错，知识点非常详细，但因为涉及翻译，总感觉略显啰嗦，文字繁多，表达也不太符合国人的习惯。

本书的编写以初学者为对象，结合当前中、高职学生认知水平，将各个知识点由浅入深糅入案例中，每一知识点均有对应案例，让学生在完成案例的过程中掌握知识点并加以巩固。

本书作者均为一线教学工作者，教材所用案例均来源于日常教学所积累。编写时，通过精选案例，以对 Photoshop 软件工具和命令的学习为主线，系统地介绍了图像处理的相关知识和操作方法。全书共 12 章，第 1 章主要讲解学习 Photoshop 前需要掌握的基本知识；第 2~4 章主要介绍图像的选取、修饰和编辑等操作；第 5 章主要介绍了矢量图形的绘制与编辑，包括路径工具、文字工具等；第 6~7 章主要讲解图层和蒙版的概念、图层的类型和特点、图层样式的添加，以及蒙版的作用和操作方法等；第 8 章详细讲解了通道的原理、作用及其应用；第 9 章通过丰富的案例详细介绍常用滤镜的使用方法和操作技巧；第 10 章主要介绍了 Photoshop 色彩调整命令的使用方法及操作技巧；第 11 章主要讲解如何创建简单而有趣的 GIF 网页、淘宝动画；第 12 章通过实战案例介绍了动作的录制、播放等快捷高效的批处理功能。

本书各章节的栏目功能如下：

本节要点：本节所要学习的知识点。

知识链接：详细讲解与案例相关的知识点、行业知识、技巧等。

操作实践：将新学的知识付之实践及应用，以达到巩固和学以致用的目的。

本书不仅适合 Photoshop 的初、中级读者学习使用，也可作为各中、高职院校相关专业教学或辅导教材。

本书由苏益冰、黄志鹏和全永青担任主编，蔡芸、王于尹和黄云飞担任副主编。其中，第 1、2、3 章由全永青、黄云飞和王于尹共同编写；第 4、5、6 章由黄志鹏编写；第 7、8、10、11 章由苏益冰编写；第 12 章由蔡芸编写；第 9 章由苏益冰和蔡芸共同编写。由于作者水平有限，书中难免有疏漏之处，恳请广大读者批评指正。

编　者

2019 年 12 月

目录 CONTENTS

第1章 | 初识 Photoshop

Photoshop 是当前最为流行的一款设计类软件。由于它拥有着强大的图像处理功能，因此不仅受到广大平面设计师的青睐，而且越来越多的摄影爱好者、图像处理爱好者也开始学习并使用它。

1.1 Photoshop 基本操作（1）

本节要点

- Photoshop 的窗口界面；
- 文件的打开和保存操作；
- 常见的文件存储类型；
- 移动工具的使用；
- 图像的显示和控制。

知识链接

1.Photoshop 的窗口界面

启动 Photoshop CC 后，可以看到软件的工作界面，如图 1.1.1 所示。

图1.1.1　窗口界面

根据 Photoshop CC 界面布局可以看出,其主要包含: 视图控制栏、菜单栏、工具属性栏、工具箱、面板栏、图像编辑窗口等元素。

2. 文件的打开和保存

● 打开文件

执行【文件】→【打开】命令,弹出【打开】对话框,选择要打开的文件的存储目录,找到并选择要打开的文件后,单击【打开】按钮打开文件,如图 1.1.2 所示。

快捷键:"Ctrl" + "O"

图1.1.2 【打开】对话框

● 保存文件

执行【文件】→【存储为】命令,弹出【存储为】对话框,选择文件要存储的目录和类型,完成后单击【保存】按钮确认,如图 1.1.3 所示。

快捷键:"Ctrl" + "S"

3. 常见的文件类型

.psd: Photoshop 的默认格式,能保存除历史记录外的所有信息,文件较其他格式大。

.jpg: 一种压缩格式的文件,网络中色彩比较鲜艳丰富的图像大都采用这种格式。

.gif: 一种压缩格式的文件,网络中色彩较为单调的图像或小动画常采用这种格式。

4. 图像的显示和控制

在图像处理的过程中,为了清楚地观察图像的细节,常常将图像放大到一定的比例。这就需要掌握图像的显示和控制操作。

在 Photoshop 中,用于图像控制与显示的方法有以下 4 种。

● 缩放工具

1) 单击法

保持工具箱中的【缩放工具】 为选择状态,在当前图像中单击鼠标左键,即可放大图像显示; 按住键盘中的 Alt 键,并在图像中单击,即可缩小图像显示。

图1.1.3 【存储为】对话框

2）拖动法

保持【缩放工具】🔍为选择状态，在图像中，如果按住鼠标左键并往右或右下方向拖动，可快速放大图像显示；如果按住鼠标左键并往左或左上方向拖动，可实现快速缩小图像显示。

• 抓手工具

如果图像大于当前显示的窗口，可以使用【抓手工具】🖐拖动以查看图像局部。当其他工具为当前操作工具时，按住键盘上的空格键不放，可以临时切换为【抓手工具】🖐。

• 缩放命令

执行【视图】→【放大】命令或按“Ctrl”+“+”键，可将当前图像的显示比例放大；

执行【视图】→【缩小】命令或按“Ctrl”+“−”键，可将当前图像的显示比例缩小；

执行【视图】→【按屏幕大小缩放】命令，可将当前图像按屏幕大小进行缩放显示；

执行【视图】→【实际像素】命令，可将当前图像以100%比例显示。

• 导航器面板

执行【窗口】→【导航器】命令，显示【导航器】控制面板。在【导航器】控制面板中，向左拖动滑块，可以缩小图像的显示；向右拖动滑块，可以放大图像的显示。单击左侧的“◣”按钮，可以缩小图像的显示；单击右侧的“◢”按钮，可以放大图像的显示，如图1.1.4所示。

图1.1.4 【导航器】控制面板

5. 移动工具

【移动工具】✛主要用于图像、图层或选择区域的移动，使用它可以完成排列、组合、移动和复制等操作，如图 1.1.5 所示。

图1.1.5 移动工具的属性栏

【自动选择图层】：勾选此选项，就无须通过【图层】面板选择当前编辑的图层，只需将光标移动到图像上单击，便可选择所需的图层。

【自动选择组】：勾选此选项，可以自动选择想要的图层组，此选项在有图层组时才变为可用状态。

【显示变换控件】：勾选此选项，可以对图像进行自由变换操作。

图层自动对齐按钮：在【图层】面板中选择多个图层后，在【移动工具】✛中单击以下按钮可以实现不同的对齐效果。

单击█按钮：可以实现图层的顶部对齐。

单击█按钮：可以实现图层的垂直居中对齐。

单击█按钮：可以实现图层的底部对齐。

单击█按钮：可以实现图层的左边对齐。

单击█按钮：可以实现图层的水平居中对齐。

单击█按钮：可以实现图层的右边对齐。

此外，【移动工具】✛选项栏中还提供了一组图像分布对齐按钮，在此不一一介绍。

操作实践

合成山水画效果

1）启动 Photoshop

双击"Adobe Photoshop CC"桌面快捷方式。

2）打开素材

执行【文件】→【打开】命令，在弹出的【打开】对话框中，选择本书的配套文件"素材 \1.1"目录下的"背景 .psd""树 .psd""山 .psd""小船 .psd""鹤 .psd""文字 .psd"文件，然后单击【打开】按钮。打开的素材如图 1.1.6 所示。

3）在"背景 .png"中添加其他素材

①单击"背景 .png"，将其切换为当前工作窗口。

②使用【移动工具】✛的拖动功能，将"树 .psd""山 .psd""小船 .psd""鹤 .psd""文字 .psd"依次拖至"背景 .png"中，并调整好位置，效果如图 1.1.7 所示。

图1.1.6 打开的素材 　　　　　　　　　 图1.1.7 合成的山水画效果图

4）保存文件

执行【文件】→【存储为】命令，打开【存储为】对话框，选择要保存的目录，并键入"1–1合成山水画效果"文件名，设置保存的格式为".psd"，设置如图1.1.8所示。

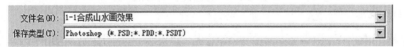

图1.1.8 【存储为】对话框的设置

1.2　Photoshop 基本操作（2）

本节要点

- 文件的新建；
- 图像的分类：位图与矢量图；
- 图层的概念；
- 颜色的设置；
- 自定义形状工具的使用。

知识链接

1. 新建文件

最常用的获得图像文件的方法是建立文件。

执行【文件】→【新建】命令或按"Ctrl"＋"N"快捷键后，弹出【新建】对话框。在对话框中可以设置新文件"宽度""高度""分辨率""颜色模式"及"背景内容"等参数，单击【确定】按钮后可获得一个新文件，如图1.2.1所示。

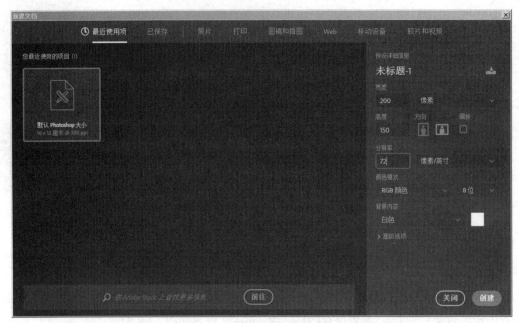

图1.2.1 【新建】对话框

2. 图像的分类

位图也称为像素图,由像素或点的网格组成。如果将这类图像放大到一定的程度,就会发现它是由一个个小方格组成的,如图1.2.2所示。这些小方格被称为像素点,一个像素点就是图像中最小的元素。通常来说,文件的大小和质量取决于图像中每平方英寸面积上所含像素点的多少,每平方英寸面积上所含像素点越多,图像的色彩过渡越柔和,同时文件也越大。基于位图的常用软件有Photoshop、Painter等。

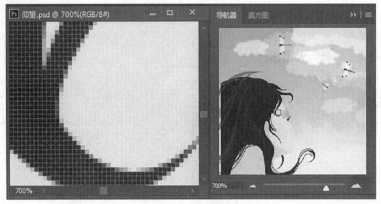

图1.2.2 位图图像

矢量图是用曲线及曲线围成的色块制作的图形,图形可以任意放大或缩小而不会失真,因此,矢量图尤其适用于标志设计、文字设计等,且矢量图的文件大小相对位图文件要小。常用于绘制矢量图的软件主要有CorelDRAW、illustrator、Freehand等。

3. 像素与分辨率

像素是位图图像的最小单位，如果位图图像放大数倍，我们将看到这些连续的色调是由许多色彩相近的小方块组成，这些小方块就是图像的最小单位"像素"。

分辨率是图像中每单位长度显示的像素数量，用 px/in（像素 / 英寸）表示。分辨率的大小会直接影响到图像的质量和大小。

4. 图像分辨率设置原则

①图像仅用于屏幕显示时，可将分辨率设置为 72 px/in 或 96 px/in。

②图像用于报纸插图时，可将分辨率设置为 150 px/in;

③图像用于高档彩色印刷时，可将分辨率设置为 300 px/in;

④300 px/in 以上的图像可以满足任何输出要求。

5. 图层

图层就是含有文字或图形等元素的透明胶片，一张张按顺序叠放在一起，组合起来形成页面的最终效果。我们可修改或编辑每一图层中的元素，而不影响其他的图层，这也是它最基本的工作原理。图层面板如图 1.2.3 所示，具体的介绍详见第 6 章。

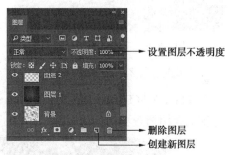

图1.2.3 【图层】面板

6. 颜色的调配与填充

1）颜色的调配

绘画之前我们要先调好颜料，同样，在 Photoshop 中绘图前，要先设置好颜色。在 Photoshop 中的颜色调配最常用的有以下两种方法。

（1）通过【拾色器】对话框设置颜色

单击工具箱中的前景色设置按钮，弹出【拾色器】对话框，如图 1.2.4 所示。操作时，首先用鼠标拖动颜色滑条上的三角滑块，定位所需颜色，然后在颜色域中单击选取。另外，也可以通过直接输入颜色值得到所需的颜色。

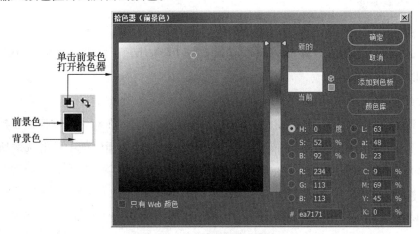

图1.2.4 【拾色器】对话框

（2）使用吸管工具获取颜色

在 Photoshop 中，有时为了得到与图像中相同的颜色，还可以通过工具箱中的【吸管工具】来完成。操作时，只需用【吸管工具】在图像中单击所需要的颜色，选取的颜色就会自动添加到工具箱的前景色中。如果按"Alt"键的同时单击，选取的颜色就会自动添加到工具箱的背景色中。

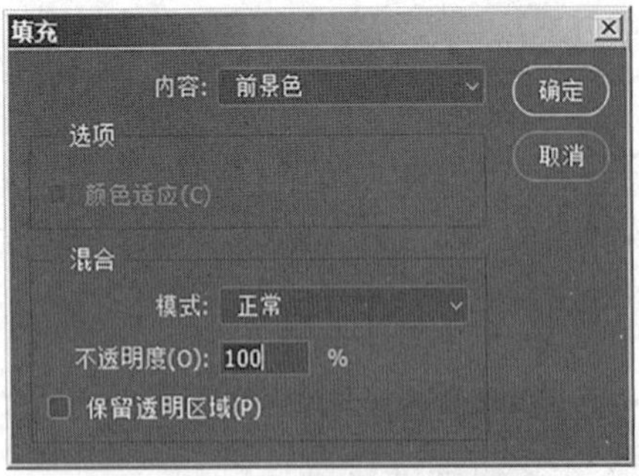

2）颜色的填充

在 Photoshop 中，颜色的填充方法有很多种，包括填充工具、填充命令和快捷键，在本节主要介绍填充命令。

执行【编辑】→【填充】命令，将弹出【填充】对话框，如图 1.2.5 所示。在"内容"列表中选择"前景色"或"背景色"，然后单击【确定】按钮即可。

图1.2.5　【填充】对话框

7. 自定义形状工具的使用

【自定义形状工具】可以通过选择系统所带的自定义形状图案来绘制各种样式的图形，详细的介绍请查看第 5 章。绘制心形的选项栏设置如图 1.2.6 所示。

图1.2.6　【自定义形状工具】的使用

操作实践

绘制"心中天使"

1）新建文件

执行【文件】→【新建】命令，在打开的【新建】对话框中，设置文件的大小为 200 px×150 px，如图 1.2.7 所示。

2）设置前景色

单击工具箱中的前景色设置按钮，弹出【拾色器】对话框。在对话框中使用鼠标拖动颜色滑条上的三角滑块至顶端或底端，定位颜色域为红色，然后在颜色域中单击选取所需颜色，如图 1.2.8 所示。

3）新建图层

单击图层调板下方的【创建新图层】，创建新的普通图层。

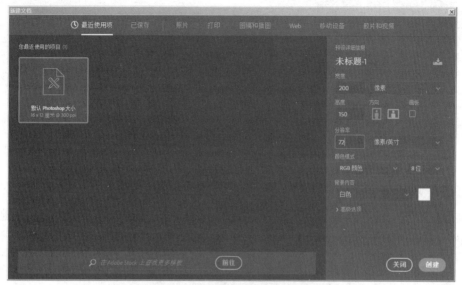

图1.2.7　【新建】对话框设置

图1.2.8　设置颜色

4）绘制心形

①选择工具箱中的【自定义形状工具】 ，并设置选项栏中的选项，如图1.2.9所示。

图1.2.9　【自定义形状工具】的属性设置

②在画布中拖动鼠标，绘制心形。

5）填充颜色

执行【编辑】→【填充】命令，弹出【填充】对话框，在"内容"列表中选择"前景色"，然后单击【确定】按钮。

6）添加"天使素材"

①执行【文件】→【打开】命令，在弹出的【打开】对话框中选择本书的配套文件"素材\1.2"目录下的"天使素材.gif"后，单击【打开】按钮。素材如图1.2.10所示。

②使用【移动工具】 拖动"天使"至心形文件中，并调整好位置，效果如图1.2.11所示。

图1.2.10　天使素材　　　　　　　图1.2.11　"心中天使"效果图

7) 保存文件

执行【文件】→【存储为】命令,打开【存储为】对话框,选择要保存的目录,并键入"心中天使"文件名,设置保存的格式为".psd",完成后单击【保存】按钮。

第2章 | 选区的绘制和图像的选取

在对图像进行处理之前，常常需要建立一个指定的区域，这个指定的区域就是选区。在Photoshop中建立选区的方式有很多种，下面将通过案例来学习有关选择工具的使用方法。

2.1 规则选区的制作（1）

本节要点

- 选框工具的使用方法（选区的运算、指定大小比例选区的绘制）；
- 选区的取消；
- 变换选区命令。

知识链接

1. 选框工具组

选框工具主要用来创建一些比较规则的选区，如矩形、椭圆、正方形和圆形等。选框工具组的工具如图2.1.1所示。

图2.1.1 选框工具组

【矩形选框工具】 ：使用该工具可以创建矩形或正方形选区（正方形选区的创建，须在拖动鼠标的过程中，同时按"Shift"键配合）。

【椭圆选框工具】 ：使用该工具可以创建椭圆或圆形选区（圆形选区的创建，须在拖动鼠标的过程中，同时按"Shift"键配合）。

【单行选框工具】 ：使用该工具可以创建高度只有"1"个像素的单行选区，可以用来绘制横线条。

【单列选框工具】 ：使用该工具可以创建宽度只有"1"个像素的单列选区，可以用来绘制纵线条。

2. 取消选区

执行【选择】→【取消选择】命令，可取消选区，或者也可使用快捷键"Ctrl"+"D"。

3. 变换选区

对刚创建好的选区，如果不满意，还可以对选区执行放大、缩小或变形等操作。执行【选择】→【变换选区】命令，选框周围出现8个控制点，按住鼠标左键拖曳角点可以自由放大或缩小选区。如果同时按"Shift"键,可实现等比例缩放;如果同时按"Alt"键,可实现以中心点为参考点进行缩放;如果同时按"Shift"和"Alt"键,则可实现以中心点为参考点的等比例缩放。此外,当光标变为 ↙ 时,拖曳鼠标可以旋转选区。

操作实践

绘制禁止标志

1）新建文件

①执行【文件】→【新建】命令,在打开的【新建】对话框中,设置文件的大小为 300 px×300 px,分辨率为 72 px/in。

②设置前景色为黄色（或 R=250, G=150, B=0）,执行【编辑】→【填充】命令,弹出【填充】对话框,在"内容"列表中选择"前景色",然后单击【确定】按钮,画布背景将变为黄色。

2）绘制圆环

①单击图层调板下方的【创建新图层】 ⬚ ,创建图层 1。

②在工具箱中选取【椭圆选框工具】,在画布中,按"Shift"键的同时拖动鼠标绘制圆形选区。

③设置前景色为红色（或 R=255, G=0, B=0）,执行【编辑】→【填充】命令,弹出【填充】对话框,在使用列表中选择"前景色",然后单击【确定】按钮。

④执行【选择】→【变换选区】命令,选区四周出现 8 个控制点,把鼠标置于选区右上角的控制点上,同时按"Shift"和"Alt"键,并往选区中间拖曳鼠标,等比例缩小选区至合适的大小,然后删除选区里的内容,得到圆环,如图 2.1.2 所示。

3）绘制矩形

①单击图层调板下方的【创建新图层】 ⬚ ,创建图层 2。

②在工具箱中选取【矩形选框工具】,绘制一个接近圆环大小的矩形。

③执行【选择】→【变换选区】命令,矩形选框周围出现 8 个控制点,将鼠标移至角点,当光标变为 ↙ 时,拖动旋转图形至合适的角度。

④执行【编辑】→【填充】命令,弹出【填充】对话框,在"内容"列表中选择"前景色"填充图形,效果如图 2.1.3 所示。

图2.1.2　绘制好的圆环　　　　　　　图2.1.3　绘制好的禁止标志

4）保存文件

执行【文件】→【存储为】命令，打开【存储为】对话框，选择要保存的目录，将文件保存为".psd"格式的文件。

2.2 规则选区的制作（2）

本节要点

- 选框工具样式选项的使用；
- 选区的运算；
- 选框工具羽化选项的使用；
- 选区的移动。

知识链接

1. 选框工具组选项栏中的样式选项

单击工具箱中的【矩形选框工具】■按钮或按"M"键可以选择矩形选框工具，选框工具的选项栏如图 2.2.1 所示。

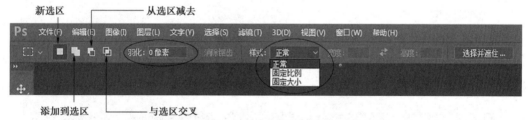

图2.2.1 矩形选框工具的属性栏

新选区■：如图 2.2.2 所示，软件系统默认的选项。选择该选项，用鼠标在画布中单击并拖曳，将会看到一个由蚂蚁线组成的选框，这就是选区。

添加到选区■：单击此按钮可以在已有选区的基础上再增加一个选区，如图 2.2.3 所示。

从选区减去■：单击此按钮可以在已有选区的基础上减去新建的选择区域，如图 2.2.4 所示。

与选区交叉■：单击此按钮可以得到已有选区与新创建选区的叠加部分，如图 2.2.5 所示。

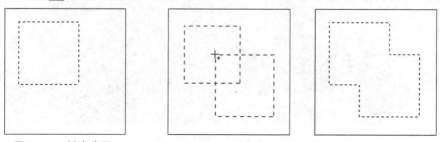

图2.2.2 新建选区   图2.2.3 选区相加的结果

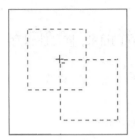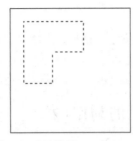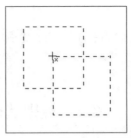

图2.2.4　选区相减的结果　　　　　　　　　图2.2.5　选区相交的结果

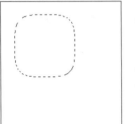

【羽化】：可以使选区边框的内部和外部之间建立渐变的过渡，从而产生模糊柔化的效果。图2.2.6是"羽化值"为15的矩形效果。

【样式】：默认选项为"正常"。如果选择"固定比例"，将按一定的长宽比绘制形状；如果选择"固定大小"，将按指定的大小绘制形状。

2. 选区的移动

选择任意的选择工具，把鼠标置于选区上方，当鼠标指针变为 ▶┉ 时，按住鼠标左键并拖动可移动选区。

图2.2.6　羽化选区效果

操作实践

1. 绘制标志

1）新建文件

①执行【文件】→【新建】命令，新建大小为 300 px×250 px，分辨率为 72 px/in 的文件。相关设置如图 2.2.7 所示。

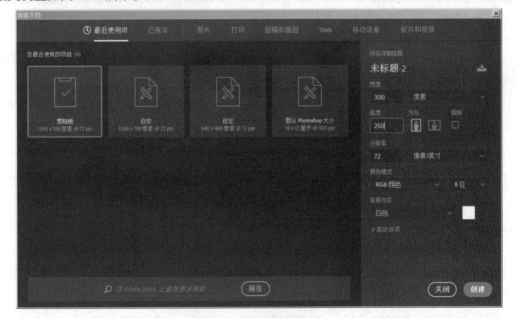

图2.2.7　【新建】对话框

②设置前景色为黄色,执行【编辑】→【填充】命令,将背景填充为黄色。

2)绘制黑色圆形

①单击图层调板下方的【创建新图层】 ⬚,创建"图层1"。

②选择【椭圆选框工具】,设置样式选项为"固定大小","宽度"和"高度"均为"220"px,在画布内单击,绘制一个直径为220 px的正圆。

③设置前景色为黑色,并使用【编辑】→【填充】命令(或按"Alt"+"Delete"快捷键)给选区填充前景色,如图2.2.8所示。

3)绘制白色椭圆

①创建"图层2",使用【椭圆选框工具】,设置样式选项为"固定大小","宽度"为"160"px,"高度"为"220"px,在画布内单击绘制椭圆,并直接拖动选区至合适的位置。

②设置前景色为白色,并执行【编辑】→【填充】命令(或按"Alt"+"Delete"快捷键)给选区填充前景色,如图2.2.9所示。

4)绘制两侧矩形

①创建"图层3",使用【矩形选框工具】,设置样式选项为"固定大小","宽度"为"30"px,"高度"为"220"px,在画布内单击绘制矩形,并拖动选区至合适的位置。

②设置前景色为黑色,并执行【编辑】→【填充】命令(或按"Alt"+"Delete"快捷键)给选区填充前景色。

③创建"图层4",按同样方法绘制一个"宽度"为"30"px、"高度"为"110"px的矩形,并填充前景色,如图2.2.10所示。

图2.2.8　绘制黑色圆形　　　　图2.2.9　绘制白色椭圆　　　　图2.2.10　绘制矩形

5)绘制黑色小圆

①使用【椭圆选框工具】,设置样式选项为"固定大小","宽度"和"高度"均为"120"px,在画布内单击绘制正圆,并拖动选区至合适的位置。

②设置前景色为黑色,执行【编辑】→【填充】命令(或按"Alt"+"Delete"快捷键)给选区填充前景色,如图2.2.11所示。

6)绘制白色小圆

①使用【椭圆选框工具】,设置样式选项为"固定大小","宽度"和"高度"均为"100"px,在画布中单击绘制正圆,并拖动选区至合适的位置。

②设置前景色为白色,并执行【编辑】→【填充】命令(或按"Alt"+"Delete"快捷键)给

选区填充前景色,如图2.2.12所示。

7)绘制中间矩形方块

①使用【椭圆选框工具】,设置样式选项为"固定大小","宽度"为"80"px,"高度"为"20"px,在画布中单击绘制矩形,并拖动选区至合适的位置。

②设置前景色为黑色,执行【编辑】→【填充】命令(或按"Alt"+"Delete"快捷键)给选区填充前景色,如图2.2.13所示。

图2.2.11　绘制黑色小圆　　　图2.2.12　绘制白色小圆　　　图2.2.13　绘制中间矩形方块

8)保存文件

执行【文件】→【存储为】命令,打开【存储为】对话框,选择要保存的目录,将图像保存为".psd"格式的文件。

2. 绘制标志合成——给照片加相框

1)打开素材

执行【文件】→【打开】命令,在弹出的【打开】对话框中,选择本书的配套文件"素材\2.2"目录下的"婚纱照.jpg"和"相框.jpg",然后单击【打开】按钮。打开的素材如图2.2.14所示。

图2.2.14　素材

2)创建矩形选区

选择【矩形选框工具】,在"相框.jpg"文件中拖出图2.2.15所示的选区。

3)移动矩形选区

选择【移动工具】,当鼠标指针变为▶时,按住鼠标左键并拖动,将该选区拖至"婚纱照.

jpg"文件中,并调整选区位置,如图 2.2.16 所示。

图2.2.15　拖出的矩形选区

图2.2.16　移动矩形选区

4)移动图像

使用【移动工具】的拖动功能,把选中的内容拖至"相框 . jpg"文件中,并调整位置,效果如图 2.2.17 所示。

5)保存文件

执行【文件】→【存储为】命令,打开【存储为】对话框,选择要保存的目录,将图像保存为". psd"格式的文件。

3. 绘制小花

1)新建文件

执行【文件】→【新建】命令,新建大小为 250 px×300 px,分辨率为 72 px/in 的文件。

图2.2.17　移动图像

2)绘制花瓣

①单击图层调板下方的【创建新图层】▯,创建"图层 1"。

②在工具箱中选取【椭圆选框工具】,在画布中绘制一个椭圆选区。

③设置前景色为红色(或 R=255, G=0, B=0)。

④执行【编辑】→【填充】命令,使用"前景色"填充选区,如图 2.2.18 所示。

3)绘制花朵

①使用同样的方法绘制另几片花瓣。

②制作花蕊。选择【椭圆选框工具】,在花瓣上,按住"Shift"键的同时拖动鼠标绘制圆形选区,设置前景色为黄色(或 R=255, G=255, B=0),并执行【编辑】→【填充】命令,使用"前景色"填充。

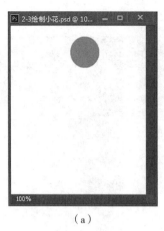
（a）

（b）

图2.2.18　绘制花朵

4）绘制花茎

①使用【椭圆选框工具】绘制一个椭圆，如图2.2.19（a）所示。

②再次使用【椭圆选框工具】，设置选区的运算为 ▣ "从选区减去"绘制椭圆，结果如图2.2.19（b）所示。

③执行【选择】→【变换选区】命令，将鼠标移至角点，当光标变为 ↻ 时，拖动旋转图形至合适的角度。

④执行【编辑】→【填充】命令填充褐色（或 R=100，G=60，B=20），如图2.2.19（c）所示。

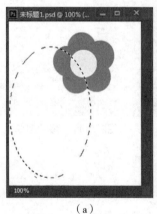
（a）

（b）

（c）

图2.2.19　绘制花茎流程图

5）绘制叶子

①使用【椭圆选框工具】绘制一个椭圆，如图2.2.20（a）所示。

②再次使用【椭圆选框工具】，设置选区的运算为 ▣ "与选区交"绘制椭圆，结果如图2.2.20（b）所示。

③执行【选择】→【变换选区】命令，将鼠标移至角点，当光标变为 ↻ 时，拖动旋转图像至合适的角度。

④执行【编辑】→【填充】命令填充绿色（或 R=0，G=255，B=0）。

⑤用同样的方法绘制另一片叶子，效果如图 2.2.20（c）所示。

（a） （b） （c）

图2.2.20　绘制叶子流程图

6）保存文件

执行【文件】→【存储为】命令，打开【存储为】对话框，选择要保存的目录，将图像保存为
".psd" 格式的文件。

你知道吗？

①使用移动工具，按 "Alt" 键的同时，拖动花瓣，可以实现花瓣的复制。

②要快速填充前景色，可使用快捷键 "Alt" + "Delete"，即按 "Alt" 键的同时，

按 "Delete" 键；要快速填充背景色，可使用 "Ctrl" + "Delete"，即按 "Ctrl" 键的同时，

按 "Delete" 键。

---

4. 制作花中人效果

1）打开背景

执行【文件】→【打开】命令（或按 "Ctrl" + "O" 快捷键）打开 "\ 素材 \2.2" 下的 "花 .tif"
文件。

2）添加素材

①执行【文件】→【打开】命令（或按 "Ctrl" + "O" 快捷键）打开 "\ 素材 \2.2" 下的 "女孩 .
jpg" 文件。

②选择【椭圆选框工具】 ，设置 "羽化" 选项值为 "20px"，用鼠标在 "女孩 .jpg" 文件
画面上拖动圈出女孩的头部，如图 2.2.21 所示。

③使用【移动工具】 的拖动功能，将选中区域拖至 "花 .tif" 中，并调整好位置。

3）保存文件

执行【文件】→【存储为】命令保存文件。最终效果如图 2.2.22 所示。

图2.2.21　绘制椭圆选区

图2.2.22　花中人效果图

2.3　不规则选区的制作(1)

本节要点

- 套索工具组工具的使用;
- 自由变换命令。

知识链接

1. 套索工具组

图2.3.1　套索工具组

套索工具主要用来创建一些不规则的选区。套索工具组中的工具如图2.3.1所示。

【套索工具】 ○ :可以在图像中随意创建曲面选区或选择曲面图像。适合创建比较随意的选区,选择一些精确度要求不是太高的图像。缺点是鼠标需要一按到底来画线。

【多边形套索工具】 ▷ :可以在图像中随意创建直面选区,适合选择图形轮廓为直线的图形或图像。

【磁性套索工具】 ▷ :可以沿图像外轮廓创建选区。适合选择图形或图像轮廓与背景颜色较为分明的图像。

2. 套索工具的使用

1) 相关属性

单击工具箱中的【套索工具】 ○ 按钮,其工具属性栏中的各个选项如图2.3.2所示。

| ○ ∨ | ■ ◧ ◨ ◲ | 羽化: 0 像素 | ☑ 消除锯齿 | 选择并遮住 ... |

图2.3.2　【套索工具】属性栏

2）操作方法

把鼠标光标放置在要选择的区域上,同时按住鼠标左键拖曳,释放鼠标左键后,绘制的弯曲路径将会自动转换为选择区,效果如图2.3.3所示。由于【套索工具】  在创建选区时比较随意,一般用来选取一些要求不太高的图像或创建一些随意的选区。

图2.3.3 使用套索工具创建选区

3. 多边形套索工具的使用

1）相关属性

单击工具箱中的【多边形套索工具】 按钮,其工具属性栏中的各个选项如图2.3.4所示。

图2.3.4 【多边形套索工具】属性栏

2）操作方法

把鼠标光标放置在要选择的图像上,单击确定第一个选取点。移动鼠标光标并在合适的位置再次单击,确定第二个选取点。用同样方法,继续单击确定其他的选取点,当回到起点位置时单击会闭合选区,效果如图2.3.5所示。

图2.3.5 【多边形套索工具】属性栏

> **你知道吗?**
> 在选取的过程中,如果选取点定位不准确,可按"Delete"键删除选取点,多次敲击,可删除多个选取点;双击鼠标左键可快速闭合选区;要退出【多边形套索工具】的使用,可按"Esc"键。

4. 磁性套索工具的使用

1）相关属性

单击工具箱中的【磁性套索工具】 按钮,其工具属性栏中的各选项如图2.3.6所示。

图2.3.6 【磁性套索工具】属性栏

【宽度】:选取图像时能够检测到的边缘宽度,取值为"1~40"。数值越小,所检测的范围越小,图像选择越精确,但越不容易控制。

【边对比度】:选取图像时的灵敏度,取值为"1%~100%"。数值越大,反差就越大,选取的范围也就越准确。

【频率】:用来控制选取范围所生成的节点数量,取值为"0~100"。数值越大,产生的节点就越多,选择的精确度也会越高。

【绘图板压力】  :用于设置绘图板的压力笔刷,该选项只有安装了绘图板才有意义。

2)操作方法

【磁性套索工具】是根据颜色像素来选取图像的。选择时要先确定一个取样点,在移动鼠标光标的过程中,系统会根据取样点颜色和所设置的参数自动选取图像,同时添加节点。但为了使选择的内容更加精确,一般需要人为地确定新的取样点。当鼠标回到起点位置或双击鼠标左键时,可闭合选区,完成图像的选择,如图 2.3.7 所示。

图2.3.7 使用【磁性套索工具】创建选区的过程及结果

5. 自由变换命令的使用

前面已经学习了对选区进行放大、缩小或变形操作,下面将继续学习对图像的放大、缩小操作。

1)自由变换

执行【文件】→【打开】命令(或按"Ctrl"+"O"快捷键)打开"\ 素材 \2.3"下的"2-5-1. psd"图像,执行【编辑】→【自由变换】命令(或按"Ctrl"+"T"快捷键),选框周围将出现 8 个控制点,如图 2.3.8 所示。

将鼠标光标放置在变形框的角点处,按住左键拖曳可以放大或缩小图像;当光标变为 形状时,单击左键,可以随意旋转图像,如图 2.3.9 所示。

2)精确变换

在工具属性栏中还可以设置或输入具体的参考点的位置、缩放比例、旋转的角度以及倾斜的角度等,精确变换图像,这与选区的变换功能完全相同。属性栏的选项说明如图 2.3.10 所示。

你知道吗?

①确认变换操作时,可单击工具属性栏中的 ✓ 按钮,也可按"Enter"键;取消变形操作时,可单击工具属性栏中的 ⃠ 按钮,也可按"Esc"键退出。

②等比例缩放图像时,既可在属性栏中设置缩放的比例,还可使用快捷键"Shift"+"Alt",同时拖动变形框来实现。

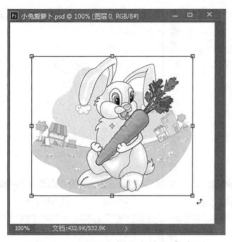

图2.3.8　执行【自由变换】命令时
出现的8个控制点

图2.3.9　使用【自由变换】旋转图像

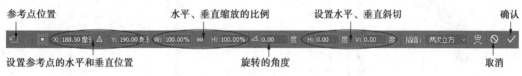

图2.3.10　【自由变换】命令的属性栏

3）变换子菜单

在自由变换操作的过程中如果在控制框内单击右键，将弹出菜单，如图2.3.11所示。

此外，移动鼠标光标至【编辑】→【变换】命令时，也会出现类似的右拉子菜单，如图2.3.12所示。以下是分别执行了【斜切】【扭曲】【透视】【变形】【水平翻转】【垂直翻转】命令后的效果，如图2.3.13—图2.3.18所示。

图2.3.11　执行【自由变换】时的右拉菜单

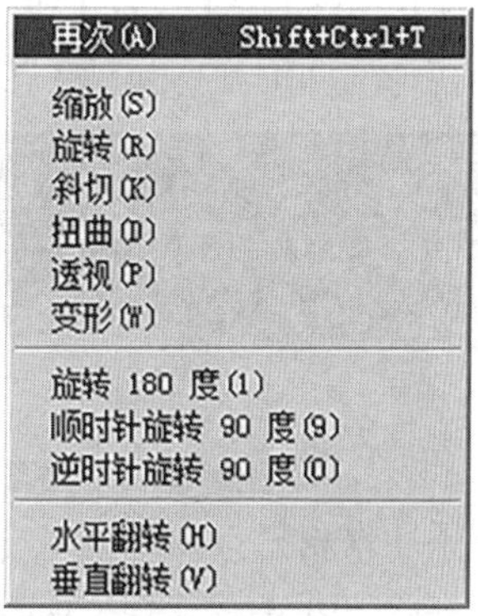

图2.3.12　【编辑】→【变换】
命令下的子菜单

图2.3.13　斜切图像

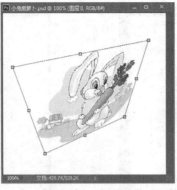

图2.3.14　扭曲图像

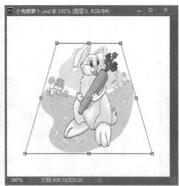

图2.3.15　透视图像

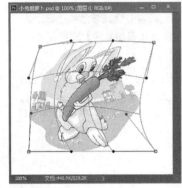

图2.3.16　变形图像

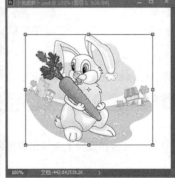

图2.3.17　水平翻转图像

图2.3.18　垂直翻转图像

实践操作

制作圣诞贺卡

1）打开图像文件

执行【文件】→【打开】命令（或按"Ctrl"+"O"快捷键）打开"\ 素材 \2.3"下的"圣诞背景 . jpg""礼盒 . jpg"和"文字 . png"图像，如图 2.3.19 所示。

图2.3.19　"圣诞背景 . jpg""礼盒 . jpg"和"文字 . png"图像

2）添加素材

①激活"礼盒 . jpg"图像窗口，选择【多边形套索工具】，沿盒子边沿选取盒子，如图 2.3.20 所示。

②使用【移动工具】的拖动功能，将选中的图像拖至"圣诞背景 . jpg"中，执行【编辑】→【自由变换】命令（或按"Ctrl"+"T"快捷键）对图像进行缩放，并调整好位置。效果如图 2.3.21 所示。

图2.3.20 选取盒子

图2.3.21 添加盒子后的效果图

③激活"文字.png"图像窗口,使用【移动工具】的拖动功能,将文字拖至"圣诞背景.jpg"中,执行【编辑】→【自由变换】命令(或按"Ctrl"+"T"快捷键)对图像进行缩放,并调整好位置。

3)保存文件

执行【文件】→【存储为】命令保存文件。最终效果如图2.3.22所示。

图2.3.22 圣诞贺卡的最终效果图

2.4 不规则选区的制作(2)

本节要点

- 魔棒工具的使用;
- 选区的基本操作;
- 复制、粘贴命令。

知识链接

1. 魔棒工具

【魔棒工具】 的工作原理与【磁性套索工具】有些相似,都是根据取样点的颜色像素来选择图像。但是,它们的使用方法却截然不同,【魔棒工具】在选取图像时更加快捷。

1)魔棒工具的相关属性

单击【魔棒工具】 ,其属性栏中的选项如图2.4.1所示。

图2.4.1 【魔棒工具】的属性栏

【容差】：用来控制选取的范围，其取值范围为"0～255"。数值越大，选择的范围越大，但选择的精确度会越低；数值越小，选择的范围越小，但选择的精确度会更高。

【连续】：选取的方式，勾选此项时，能在图像中选择与鼠标光标落点处像素颜色相近并相连的部分；否则，可以在图像中选择所有与鼠标光标落点处像素颜色相近的部分。

【对所有图层取样】：能选择所有可见图层中与取样点颜色相近的部分。

2）操作方法

魔棒工具是根据取样点的颜色来选取接近的像素的，图2.4.2是【魔棒工具】 ![魔棒工具图标] 设置了"容差"值为"80"，在荷花上点击选择的区域。

→ 【魔棒工具】点击的位置

图2.4.2 使用【魔棒工具】选取荷花

2. 选区的基本操作

选区的基本操作主要包括选择全部、取消选择、重新选择、反向选择、隐藏选区，这些命令存在于【选择】菜单下，如图2.4.3所示。

选择(S)	滤镜(T)	3D(D)	视图(V)
全部(A)			Ctrl+A
取消选择(D)			Ctrl+D
重新选择(E)			Shift+Ctrl+D
反选(I)			Shift+Ctrl+I

图2.4.3 选择菜单下的部分命令

【全部】：选择全部的画面内容，其快捷键为"Ctrl"+"A"。

【取消】：取消所做的选区，其快捷键为"Ctrl"+"D"。

【重新选择】：恢复最近的一次所做的选区，其快捷键为"Shift"+"Ctrl"+"D"。

【反向】：对选区做相反的操作，其快捷键为"Shift"+"Ctrl"+"I"。

【隐藏选区】：按"Ctrl"+"H"快捷键可以隐藏选区，选区隐藏不代表取消，所以当选区处于隐藏状态时，操作还是只对选区内的图像起作用。要恢复选区的显示，只需再次按"Ctrl"+"H"快捷键即可。

3. 选区的修改

选区的修改操作主要包括选区扩边、平滑、扩展、收缩、羽化、扩大选取、选取相似及变换选区等。这些命令主要在【选择】或【选择】→【修改】菜单下。图2.4.4—图2.4.9是选区分别进行扩边、平滑、扩展、收缩、羽化等操作并填充青色后的效果。

【边界】：对当前的选区边缘进行扩大和平滑处理。

【平滑】：可以使选区的尖角平滑，并消除锯齿。

【扩展】：对当前的选区进行扩大和平滑处理。

【收缩】：对当前的选区进行缩小操作。

【羽化】：对选区内外衔接的部分作柔化处理，从而达到自然衔接的效果。

【扩大选取】：将现在的选区向外扩大，扩大的区域是与现有选取范围相邻且颜色相近的区域。原选区见图 2.4.10，效果见图 2.4.11。

【选取相似】：也可以扩大选取的范围，与【扩大选取】命令不同的是选取与当前选取范围中颜色相接近的所有颜色像素，效果见图 2.4.12。

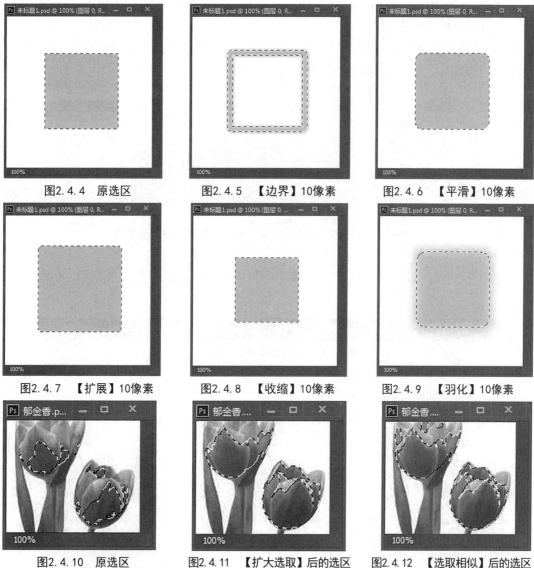

图2.4.4　原选区　　　　图2.4.5　【边界】10像素　　　图2.4.6　【平滑】10像素

图2.4.7　【扩展】10像素　　图2.4.8　【收缩】10像素　　图2.4.9　【羽化】10像素

图2.4.10　原选区　　　图2.4.11　【扩大选取】后的选区　　图2.4.12　【选取相似】后的选区

4. 复制、剪切、粘贴

在图像处理中，图像复制与粘贴命令的操作程序是：选择要复制的内容→执行复制命令→执行粘贴命令，最终得到复制内容的副本。图像剪切与粘贴命令的操作程序也类似。图像一旦被复制或剪切放置在系统自带的剪贴板上，在不关闭计算机的前提下，可以将复制或剪切的内容多次粘贴，每一次粘贴都会生成一个新的图层。不但可以将复制或剪切的内容粘贴在同一图像中, 还可以粘贴在不同的图像中。

复制与剪切的不同点在于复制生成了一个副本, 而剪切没有, 剪切相当于移动操作。

操作实践

制作公益广告

1) 打开背景及素材

执行【文件】→【打开】命令 (或按 "Ctrl" + "O" 快捷键) 打开 "\ 素材 \2.4" 下的 "蛋 . jpg" "小鸡 .psd" "文字 .psd" 文件, 如图 2.4.13 所示。

图2.4.13　"蛋. jpg" "小鸡.psd" "文字.psd" 图像

2) 添加小鸡素材

①激活 "小鸡 . jpg" 图像, 选择【魔棒工具】, 并设置其属性栏的各项参数, 如图 2.4.14 所示。

图2.4.14　【魔棒工具】属性栏设置

②单击图像左上角的白色背景, 并使用【魔棒工具】属性栏中的选区运算按钮加减选区, 最终的选择效果如图 2.4.15 所示。

③执行【选择】→【反向】命令, 反选选区, 达到选择小鸡的目的, 效果如图 2.4.16 所示。

图2.4.15　选择背景图像　　　　　　　　图2.4.16　选择小鸡图像

④为了使合成的两幅图像能达到较好的融合效果, 需要对选区进行羽化。执行【选择】→【修改】→【羽化】命令, 在弹出的【羽化选区】对话框中设置 "羽化" 值为 "2", 并确认羽化操作。

⑤执行【编辑】→【拷贝】命令（或按"Ctrl"+"C"快捷键）复制选区内的图像。

⑥激活"蛋.jpg"图像，执行【编辑】→【粘贴】命令（或按"Ctrl"+"V"快捷键）将复制的小鸡粘贴到"蛋.jpg"图像中，并生成新的"图层1"，效果如图2.4.17所示。

3）编辑素材

①执行【编辑】→【自由变换】命令（或按"Ctrl"+"T"快捷键），使图像周围出现变形框。把鼠标光标置于变形框的右上角点处，按"Shift"+"Alt"快捷键，同时向内拖曳鼠标等比例缩小图像，并使用【移动工具】调整小鸡的位置，效果如图2.4.18所示。

图2.4.17　粘贴后的图像效果

图2.4.18　缩小并调整位置的小鸡

②隐藏小鸡所在的"图层1"，使用【多边形套索工具】，并设置其属性栏的"羽化"值为"10"，沿蛋壳边缘做如下选区，如图2.4.19所示。

③显示"图层1"，按"Delete"键，删除选区内的图像，再执行【选择】→【取消选择】命令（或按"Ctrl"+"D"快捷键）取消选区，效果如图2.4.20所示。

图2.4.19　沿蛋壳边缘创建选区

图2.4.20　删除多余图像后的效果

4）添加文字

激活"文字.psd"，使用【移动工具】将文字移至"蛋.jpg"图像中，并调整其位置，最终效果如图2.4.21所示。

5）保存文件

执行【文件】→【存储为】命令保存文件。

图2.4.21　添加文字后的效果

2.5 选区的存储

本节要点

●选区的存储与载入。

知识链接

1. 选区的存储

进行图像处理时,有些选区尤其是一些花费了很多时间才创建好的选区,我们往往会把它保存起来,等到需要用时,再重新载入到原图像中。

执行【文件】→【打开】命令,打开"小鸭．jpg"图像,并使用前面所学过的工具选取小鸭。

要存储选区,可执行【选择】→【存储选区】命令,在弹出【存储选区】的对话框中输入要保存选区的名称,然后单击【确定】按钮。【存储选区】的对话框见图2.5.1。

2. 选区的载入

要载入选区,可执行【选择】→【载入选区】命令弹出【载入选区】的对话框,在通道列表项中选择要载入的选区,然后单击【确定】按钮,如图2.5.2所示。

图2.5.1 【存储选区】对话框　　　　图2.5.2 【载入选区】对话框

此外,还可在存储选区或载入选区的过程中,对选区进行运算,运算方法与各选择工具属性栏中的运算方法相同。此处不再赘述。

操作实践

绘制颜色盘

1)新建文件

执行【文件】→【新建】命令(或按"Ctrl"+"N"快捷键),新建大小为 500 px×400 px,分辨率为 72 px/in 的文件。

2）绘制红色圆形

①单击图层调板下方的【创建新图层】  ，创建"图层1"。

②选择【椭圆选框工具】，设置样式选项为"固定大小"，"宽度"和"高度"均为"150"px，在画布单击，绘制一个直径为150 px的圆形。

③设置前景色为红色（R=255，G=0，B=0），并执行【编辑】→【填充】命令（或按"Alt"+"Delete"快捷键）给选区填充前景色，效果如图2.5.3所示。

④执行【选择】→【存储选区】命令，存储名称为"红"选区，如图2.5.4所示。

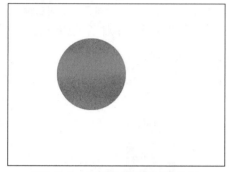

图2.5.3 绘制红色圆形后的效果

图2.5.4 存储"红"选区

3）绘制绿色、蓝色圆形

①创建"图层2"，把鼠标置于选区上方，当鼠标光标变为 时，按住鼠标左键移动选区至合适的位置。

②设置前景色为绿色（R=0，G=255，B=0），并执行【编辑】→【填充】命令（或按"Alt"+"Delete"快捷键）给选区填充前景色，效果如图2.5.5所示。

③执行【选择】→【存储选区】命令，选区存储名称为"绿"，如图2.5.6所示。

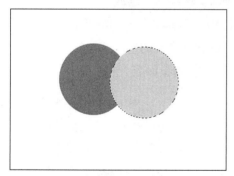

图2.5.5 绘制绿色圆形后的效果

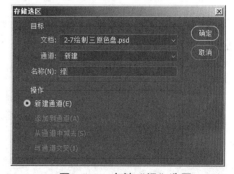

图2.5.6 存储"绿"选区

④使用同样方法创建"图层3"，移动选区至合适的位置并填充蓝色（R=0，G=0，B=255），存储选区名称为"蓝"，效果如图2.5.7所示。

4）绘制红色和绿色交叉区域

①新建图层4，执行【选择】→【载入选区】命令，在弹出的【载入选区】对话框中选择"红"通道，如图2.5.8所示。

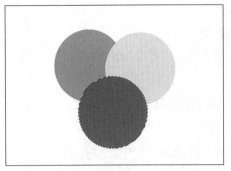

图2.5.7　绘制蓝色圆形后的效果

图2.5.8　载入"红"选区时的对话框

②再次执行【选择】→【载入选区】命令,在弹出的【载入选区】对话框中选择"绿"通道,并选择"与选区交叉"操作,如图2.5.9所示,将得到红和绿交叉的选区。

③设置前景色为黄色(R=255,G=255,B=0),并填充,如图2.5.10所示。

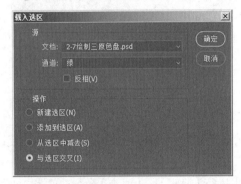

图2.5.9　计算"红""绿"交叉区域

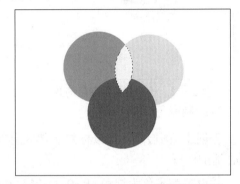

图2.5.10　得到红、绿交叉的黄色区域

5)绘制红色和蓝色交叉区域

①新建"图层5",执行【选择】→【载入选区】命令,载入"红"选区。

②再次执行【选择】→【载入选区】命令,在弹出的【载入选区】对话框中选择"蓝"通道,并选择"与选区交叉"操作,如图2.5.11所示,将得到红和蓝交叉的选区。

③设置前景色为紫色(R=255,G=0,B=255),并填充,效果如图2.5.12所示。

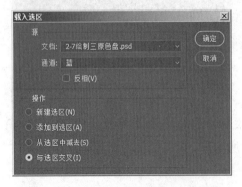

图2.5.11　计算"红""蓝"交叉区域

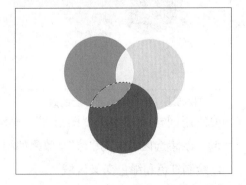

图2.5.12　得到红、蓝交叉的紫色区域

6)绘制绿色和蓝色交叉区域

①新建"图层6",执行【选择】→【载入选区】命令,载入"绿"选区。

②再次执行【选择】→【载入选区】命令，在弹出的【载入选区】对话框中选择"蓝"通道，并选择"与选区交叉"操作，将得到红和蓝交叉的选区。

③设置前景色为青色（R=0，G=255，B=255），并填充，效果如图 2.5.13 所示。

7）绘制红色、绿色和蓝色交叉区域

由于三原色盘中的白色是红、绿、蓝三个圆相交得到的区域，而当前的青色选区是绿和蓝选区相交后的结果，所以要得到白色区域，只需将青色区域和红色区域再交叉一次即可。

①新建"图层 7"。再次执行【选择】→【载入选区】命令，在弹出的【载入选区】对话框中选择"红"通道，并选择"与选区交叉"操作，将得到红、绿、蓝交叉的选区。

②设置前景色为白色（R=255，G=255，B=255），并填充。取消选区，最终完成效果如图 2.5.14 所示。

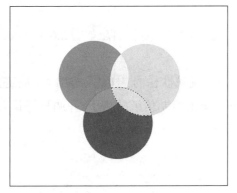 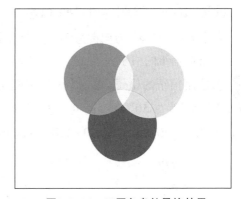

图2.5.13　得到绿、蓝交叉的青色区域　　　　　图2.5.14　三原色盘的最终效果

8）保存文件

执行【文件】→【存储为】命令保存文件。

2.6　综合应用

操作实践

绘制信纸

1）新建文件

执行【文件】→【新建】命令（或按"Ctrl"+"N"快捷键），新建大小为 522 px×737 px，分辨率为 72 px/in 的文件。

2）绘制信纸背景

①单击图层调板下方的【创建新图层】 ▣ ，创建"图层 1"。

②单击【矩形选框工具】，在画布拖动绘制一个矩形。

③设置前景色为蓝色（R=135，G=205，B=235），并执行【编辑】→【填充】命令（或按"Alt"+"Delete"快捷键）给选区填充前景色，如图 2.6.1 所示。

④单击【椭圆选框工具】，在画布上拖动绘制一个椭圆，如图 2.6.2 所示。

图2.6.1　绘制蓝色背景

图2.6.2　绘制椭圆选区

⑤按 "Delete" 键删除该区域的内容。

⑥用键盘的 "↓" 方向键移动选区至合适位置，并删除该区域的内容，如图 2.6.3 所示。

3）绘制信纸的格子

①绘制信纸的格子。单击【矩形选框工具】，并设置属性栏的 "样式" 选项为 "固定大小"，"宽度" 为 "350" px，"高度" 为 "2" px。在画布上单击绘制信纸的格子，并调整好位置，填充灰色（R=200，G=200，B=200），如图 2.6.4 所示。

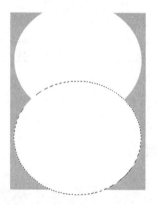

图2.6.3　移动椭圆选区并
删除选区内容

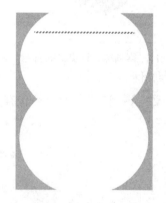

图2.6.4　绘制格子

②绘制第二行格子。执行【编辑】→【复制】命令复制信纸的格子，然后再执行【编辑】→【粘贴】命令。由于手动调整格子，不仅操作麻烦，而且格子之间的距离不好控制，因此，执行【编辑】→【自由变换】命令，调整所复制的线条的位置，如图 2.6.5 所示。

③多次按 "Ctrl" + "Shift" + "Alt" + "T" 快捷键实现对线条图层复制后再次变换的操作，效果如图 2.6.6 所示。

4）添加文字花纹

①执行【文件】→【打开】命令，打开 "中文 . jpg" "英文 . jpg" "插图 . jpg" 图像。

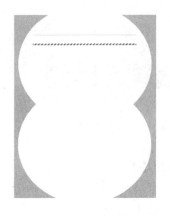
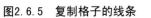

图2.6.5　复制格子的线条　　　　　　图2.6.6　使用"Ctrl"＋"Shift"＋
"Alt"＋"T"复制格子

②单击【移动工具】分别将"Hi.jpg""英文.jpg""插图.jpg"移至信纸文件上，效果如图2.6.7所示。

图2.6.7　信纸的最终效果图

5）保存文件

执行【文件】→【存储为】命令保存文件。

第3章 | 图像的编辑与绘制

3.1 图像的编辑（1）

本节要点

- 裁切工具的使用；
- 图像大小的设置；
- 画布大小的设置；
- 图像大小和画布大小的区别。

知识链接

如果对图像的尺寸或构图不满意，可以使用 Photoshop 的裁切功能对其裁切或调整。要改变图像的大小，主要通过以下途径实现：

◆使用裁切工具；

◆执行裁剪命令；

◆执行裁切命令；

◆查看图像大小；

◆改变画布大小。

1. 裁切工具

1）裁切工具的属性栏

单击工具箱中的【裁切工具】 按钮，其属性栏中各个选项如图 3.1.1 所示。

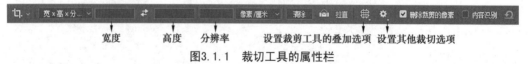

图3.1.1　裁切工具的属性栏

【宽度】：键入要裁切图像的宽度。

【高度】：键入要裁切图像的高度。

【分辨率】：键入要裁切图像的分辨率。

【清除】：清除输入的"宽度""高度"和"分辨率"的值。

【拉直】：通过在图像上画一条直线并拉直来修正图像。

▦：设置裁剪工具的叠加选项，选择裁剪时显示叠加参考线的视图。可用的参考线包括三等分参考线、网格参考线和黄金比例参考线等。

✿：设置其他裁切选项。设置裁剪时的预览方式。

2）操作方法

以选择"宽 × 高 × 分辨率"选项为例，首先在属性栏中的"宽度""高度"和"分辨率"框中键入要裁切的尺寸和分辨率（如果对裁切的图像不作尺寸的要求则不需要输入），然后将鼠标光标置于图像中，按住鼠标左键拖曳框选出要保留的图像，最后按"Enter"键或单击属性栏的 ☑确认。图 3.1.2 是"宽度"为"200"px，"高度"为"250"px，"分辨率"为"72"px/in，裁切时和裁切后的效果。

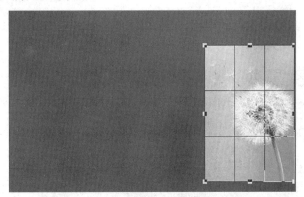

图3.1.2　裁切时和裁切后的效果

2. 裁剪命令

执行命令前，一般先使用【矩形选框工具】拖出要保留的区域，然后再执行命令，如图 3.1.3 所示。如果使用了其他的选框工具来绘制保留的区域，执行【裁剪】命令后，将只保留选区内的内容。

图3.1.3　裁剪命令的使用

3. 裁切命令

【图像】下的【裁切】命令一般用于颜色比较单一、变化层次不多的图片，如图 3.1.4

所示。图3.1.5中的透明像素,可通过裁切命令将其裁切掉,裁切后效果如图3.1.6所示。

图3.1.4　【裁切】对话框　　　图3.1.5　裁切前　　　图3.1.6　裁切透明像素后

4. 查看图像大小

若要查看、修改图像的大小信息,可执行【图像】→【图像大小】命令,将打开【图像大小】对话框,如图3.1.7所示。

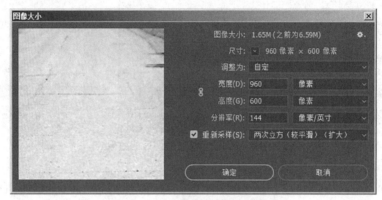

图3.1.7　【图像大小】对话框

【宽度】:重设图像文件的宽度,可选择像素、厘米等为单位。

【高度】:重设图像文件的高度,可选择像素、厘米等为单位。

【分辨率】:重设图像文件的分辨率。

【重定采样】:用数学公式按一定的规律去计算所要增加或丢掉的像素信息。

如果不勾选"重定采样",像素大小将变成不可修改的状态。这时,如果修改文档大小或分辨率,图像并没有任何变化,这是由于显示器是与像素有关的,文档的总像素没有改变,显示器中的显示自然没有改变,但是打印时图像的大小会改变。

在勾选"重定采样"的情况下,如果修改文档的大小或分辨率,文档的总像素将会发生变化。Photoshop会根据所选的公式计算要增加或减少的像素信息,所以在显示器中浏览的图片也会放大或缩小。

5. 画布大小

画布大小是指文档的大小。画布大小与图像大小的区别在于,图像大小包括了文档的大小和像素的大小。画布大小即文档的大小,图的尺寸大小,与分辨率无关。

执行【图像】→【画布大小】命令,可打开【画布大小】对话框,如图 3.1.8 所示。

【当前大小】:显示当前画布的大小。

【新建大小】:显示修改后画布的大小。

【相对】:控制画布大小的计算方式。勾选此项时,输入的数值为正值时,画布向外扩展;输入的数值为负值时,画布被裁切。不勾选此项,输入的数值大于原来的数值,画布向外扩展;输入的数值小于原来的数值,画布被裁切。

图3.1.8　【画布大小】对话框

【定位】:确定画布扩展的方向。

【画布扩展颜色】:用于设置画布扩展部分的颜色。默认状态下是使用工具箱中的背景色作为扩展部分的颜色,也可以在下拉列表中选取或设置其他的颜色。

图 3.1.9 为宽和高均向外扩展了 2 厘米,并且使用白色填充的效果。

图3.1.9　扩展画布前、后效果图

操作实践

1. 制作大一寸留边证件照

1)打开素材

执行【文件】→【打开】命令(或按 "Ctrl" + "O" 快捷键)打开 "\ 素材 \3.1" 下的 "照片.jpg" 文件。

2)裁剪照片

由于要将 "照片.jpg" 裁剪成大一寸的留边证件照,大一寸照片的尺寸为 "3.3 cm × 4.8 cm",考虑到留 0.2 cm 的边,所以裁剪的大小应为 "2.9 cm × 4.4 cm",分辨率取 350 ppi。

①选择【裁剪工具】,设置属性栏的 "宽度" 为 "2.9 厘米","高度" 为 "4.4 厘米","分辨率" 为 "350",并用鼠标在照片上拖出作为证件照的区域,如图 3.1.10 所示。然后,按 "Enter" 键或单击属性栏的 ✓ 完成裁剪,如图 3.1.11 所示。

图3.1.10　使用裁剪工具裁剪照片　　　　　　图3.1.11　裁剪后的效果

②执行【图像】→【画布大小】命令,在打开的【画布大小】对话框中,设置"宽度"为"3.3厘米","高度"为"4.8厘米",如图3.1.12,并确认,完成大一寸留边照片的制作,效果如图3.1.13所示。

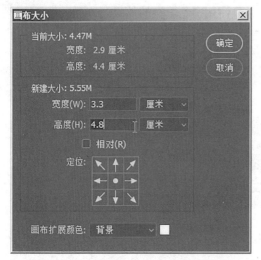

图3.1.12　【画布大小】对话框的设置　　　图3.1.13　扩展画布制作留边效果

3)保存文件

执行【文件】→【存储为】命令保存文件。

2. 修正图像

1)打开素材

执行【文件】→【打开】命令(或按"Ctrl"+"O"快捷键)打开"\素材\3.1"下的"楼歪歪.jpg"文件。

2)校正照片

观察照片,发现该照片出现明显的镜头倾斜,应使用【裁切工具】校正照片。为了修正照片,应先要找出本应处于水平位置的物体,如照片中的篱笆,然后执行以下操作:

①选择【裁切工具】工具的【拉直】 选项,然后沿着篱笆绘制测量线,如图3.1.14所示。

当松开绘制测量线的鼠标时，出现与所绘直线平行的裁切框，如图 3.1.15 所示。

图3.1.14　绘制测量线

图3.1.15　绘制测量线得到的裁切框

②按 "Enter" 键或单击属性栏的完成裁剪，修正后的图像效果如图 3.1.16 所示。

图3.1.16　修正后的图像效果

3）保存文件

执行【文件】→【存储为】命令保存文件。

3.2　图像的编辑（2）

本节要点

切片工具的使用。

知识链接

切片工具

【切片工具】主要应用于网页设计，它能将文件尺寸比较大的图片切成若干张小图片，并能给小图片添加超链接，以提高网页的载入速度，给用户以良好的浏览体验。【切片工具】和【裁剪工具】位于同一个工具组，可以按 "Shift" + "C" 快捷键切换找到切片工具。【切片工具】属性栏如图 3.2.1 所示。

图3.2.1 【切片工具】的属性栏

1) 创建切片

在【切片工具】属性栏的"样式"选项中选择"正常",然后在图像中要切片的位置拖拉鼠标,即可创建一个用户切片,除了用户切片外的其他图像区域则生成自动切片。按照同样的操作,可以继续创建用户切片,且每一切片都用蓝色数字标识。如图3.2.2所示,蓝色数字标识的为用户切片,灰色数字标识的为自动切片。

图3.2.2 创建用户切片的效果

如果文件中有多个图层,想根据图层来自动切片,可以执行【图层】→【新建基于图层的切片】命令。

除此之外,如果文件中有参考线,还可以执行切片工具属性栏中的【基于参考线的切片】命令,将自动创建基于参考线的切片,如图3.2.3所示。

图3.2.3 基于参考线创建的切片

2) 使用右拉菜单命令创建规则的切片

选择了切片工具之后,在图像上右击将弹出菜单列表,如图3.2.4所示。在菜单列表中选择"划分切片"命令,打开【划分切片】对话框,如图3.2.5所示,可以根据需要设定水平和垂直方向的切片划分数,创建规则的切片。图3.2.6是水平划分为2个纵向切片,垂直划分为3个横向切片的效果。

图3.2.4 菜单列表 　　　　　　图3.2.5 【划分切片】对话框

图3.2.6　使用【划分切片】命令创建的切片

3）为切片添加超链接

在网页中，常常还要给创建好的切片添加超链接，以实现跳转，方便用户浏览。下面，我们以前面的航空广告图片为例，为"01"切片——吉祥航空添加超链接。

首先，右击要创建超链接的"01"切片，在弹出的右拉菜单中选择【编辑切片选项】命令，打开【编辑切片选项】对话框，如图3.2.7所示。在URL框中键入要链接的网址，在目标框中键入"_blank"，表示在新窗口打开超链接页面。输入后确认完成超链接的添加。

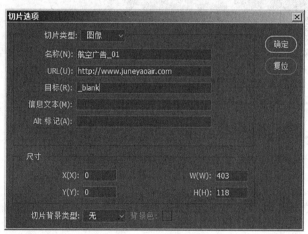

图3.2.7　为切片添加超链接

4）保存切片

执行【文件】→【存储为Web和设备所用格式】命令，在打开的【存储为Web和设备所用格式】对话框中单击【存储】，如图3.2.8所示；然后在【将优化结果存储为】对话框选取要保存的位置及格式即可，如图3.2.9所示。

图3.2.8 【存储为Web和设备所用格式】对话框

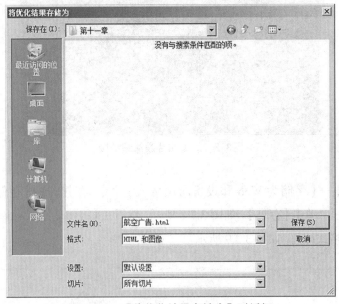

图3.2.9 【将优化结果存储为】对话框

操作实践

网页切片

1）打开素材

执行【文件】→【打开】命令（或按"Ctrl"+"O"快捷键）打开"\素材\3.2"下的"旅游推介.jpg"文件。

2）创建切片

选择【切片工具】，在图像中要切片的位置拖拉鼠标，创建用户切片，如图3.2.10所示，创建4个切片。

图3.2.10　创建用户切片

3）添加链接

①右键单击要创建超链接的"01"切片，在弹出的右拉菜单中选择【编辑切片选项】命令，打开【编辑切片选项】对话框。

②在【编辑切片选项】对话框中的 URL 框里，键入要链接的网址，在目标框中键入"_blank"，确认完成超链接的添加。

4）将切片保存为网页

执行【文件】→【存储为 Web 和设备所用格式】命令将切片保存为网页。图3.2.11 为保存后生成的 html 网页文件及 images 图片文件夹；图3.2.12 为 images 文件夹中的图片。

images　　　　　　　　旅游推介

图3.2.11　保存后生成的html网页文件及images文件夹

旅游推介_01　　　旅游推介_02　　　旅游推介_03　　　旅游推介_04

图3.2.12　images文件夹中的图片

3.3 图像绘制——画笔工具（1）

本节要点

- 认识画笔属性栏；
- 画笔面板的设置；
- 绘制直线。

知识链接

1. 画笔属性栏

Photoshop CC 中的绘图工具功能强大，其中混合器画笔、模拟硬毛刷，逼真的绘画效果足以媲美传统的绘画。

利用【画笔工具】 ✒ 可以绘制边缘柔和的线条。在开始绘图之前，应选择所需的画笔笔尖形状和大小，并设置不透明度、流量等画笔属性。【画笔工具】的属性栏如图 3.3.1 所示。

图3.3.1 【画笔工具】属性栏

【画笔预设】：单击【画笔预设】，在弹出的下拉列表中选择合适的画笔笔尖形状，并设置画笔的大小和硬度。

【画笔面板】：单击可打开画笔面板。

【模式】：绘图颜色和背景颜色的混合方式。

【不透明度】：用于设置绘画效果的不透明度，取值范围："0%~100%"，值越小其透明程度越大。

【流量】：画笔描绘颜色流动的速率。

【喷枪】：以适当的速度移动画笔会形成喷洒图案的效果，常用于绘制落叶飘散的效果。

2. 画笔面板

1）设置【画笔笔尖形状】

画笔的属性还可在画笔面板中设置。【画笔面板】的显示可通过以下途径来控制。画笔面板的【画笔笔尖形状】选项如图 3.3.2 所示。

- 单击任意绘图工具属性栏中的 ✿ 按钮。
- 执行【窗口】→【画笔】命令。
- 按"F5"键。

【画笔面板】中又包含多个画笔功能选项。【画笔笔尖形状】选项说明如下：

【大小】：用于控制画笔大小，最大取值为"2500"像素。

【翻转 X】和【翻转 Y】：勾选此复选框，可以更改笔头的方向。

【角度】：用于控制画笔旋转的角度。

【圆度】：用于控制画笔长短轴的比例，取值范围为"0% ~ 100%"。

【硬度】：用于控制画笔边缘的虚实程度，取值范围为"0% ~ 100%"。值越小，画笔边缘越虚。

【间距】：用于控制画笔笔触之间的距离，取值范围为"1% ~ 1000%"。值越大，笔触之间的距离就越大。

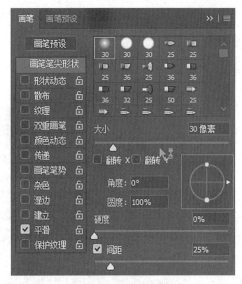

图3.3.2 【画笔面板】中的【画笔笔尖形状】选项

图 3.3.3 是"枫叶"笔尖形状，大小为"58 px"，间距为"78%"的绘画效果；图 3.3.4 是"星星"笔尖形状，大小为"28 px"，间距为"81%"的绘画效果。

图3.3.3 "枫叶"笔尖 　　　图3.3.4 "星星"笔尖

2）设置【形状动态】选项

设置该选项，可以使画笔笔尖大小、角度、圆度在绘画的过程中呈动态变化。画笔面板的【形状动态】选项如图 3.3.5 所示。

【大小抖动】：设置画笔的大小随机性，可以产生不同的画笔移动状态。此外，还可通过与"控制"选项、"最小直径"配合控制大小变化过程中笔尖的最小尺寸和线条的长度。

【最小直径】：设置画笔笔尖可以缩小的最小尺寸。

【倾斜缩放比例】：当"控制"选项为"钢笔斜度"时，用于定义画笔倾斜的比例。此选项只有使用压力敏感的数字画板才有效。

【角度抖动】：设置画笔角度的随机性。

【圆度抖动】：设置画笔圆度的随机性。

【最小圆度】：设置画笔笔尖的最小圆度。它的百分比是以画笔短轴和长轴的比例为基础的。

其他选项的设置不再详细介绍。图3.3.6是"星星"笔尖形状，设置了大小抖动为"100%"，最小直径为"28%"的绘画效果。

图3.3.5 【画笔面板】中的
【形状动态】选项

图3.3.6 "星星"笔尖的
大小抖动为100%

3）设置【散布】选项

设置该选项，可以使画笔图像在一定范围内自由散布。画笔面板的【散布】选项如图3.3.7所示。

【散布】：用来控制散布的程度。数值越高，散布的位置和范围就变化越大。当勾选"两轴"时，画笔标记点呈放射状分布；若不勾选"两轴"，画笔标记点的分布和画笔绘制的线条方向垂直。

【数量】：用来指定每个空间间隔中画笔标记点的数量。

【数量抖动】：用来设置每个空间间隔中画笔标记点的数量变化。

4）设置【颜色动态】

设置该选项，绘画的过程中颜色呈动态变化的效果。画笔面板的【颜色动态】选项如图3.3.8所示。

【前景/背景抖动】：绘画的颜色是在前景色和背景色间随机变化。值越小，画笔的颜色发生随机变化的幅度越小，反之越大。

【色相抖动】：用于控制画笔颜色在色相间变化的幅度。

【饱和度抖动】：用于控制画笔颜色饱和度的变化。

【亮度抖动】：用于控制画笔颜色亮度的变化。

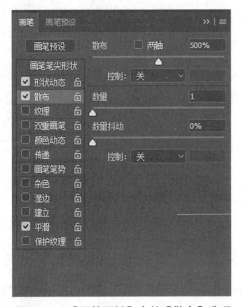

图3.3.7 【画笔面板】中的【散布】选项　　　　图3.3.8 【画笔面板】中的【颜色动态】选项

【纯度】：用于控制画笔颜色纯度的变化。

图 3.3.9 是"枫叶"笔尖形状，大小抖动为"100%"，最小直径为"28%"，角度抖动为"100%"，散布为"253%"的绘画效果；图 3.3.10 是在前景色为红色，背景色为绿色的情况下，将【前景 / 背景抖动】设置为"100%"的绘画效果。图 3.3.11 是设置了【色相抖动】为"100%"的绘画效果。

图3.3.9 【形状动态】的应用　　图3.9.10 【前景/背景抖动】　　图3.3.11 【色相抖动】
　　　　　　　　　　　　　　　　　　的应用　　　　　　　　　的应用

3. 绘制直线

绘制 0° 或 90° 的直线：按"Shift"键的同时拖曳鼠标。

绘制 45°（或其他角度）的直线：按住鼠标左键确定线条的起点，同时按"Shift"键，接着放开鼠标键（注意不要放开"Shift"键），在 45°（或其他角度）方向移动鼠标，并在适当距离处单击确定结束点，然后再释放"Shift"键，将得到一条呈一定角度的直线条。

操作实践

绘制星夜

1）新建文件

①执行【文件】→【新建】命令,在打开的【新建】对话框中,设置文件的大小为 800 px×300 px,分辨率为 72 px/in。

②在工具箱中设置前景色为蓝色,用前景色填充,快捷键为"Alt"+"Delete"。

2）绘制星星

①新建"图层 1"。在工具箱中选择画笔工具,选择柔角(边缘虚化)笔刷,大小为"12"px。执行【窗口】→【画笔】命令,或者单击属性栏的画笔调板按钮 ,打开【画笔】调板。在调板中单击【形状动态】,在"大小抖动"下方的"控制"下拉列表中选择"渐隐",在其右框中输入步长为"60"。

②将画笔移至画布的中心,按住鼠标左键的同时按"Shift"键向外拖动,在适当的位置松开鼠标左键和"Shift"键,如此连续绘制四条星光,如图 3.3.12 所示。

③改变渐隐值为"40",将画笔移至画面的中心,按住鼠标左键的同时按"Shift"键,放开鼠标键(不要放开"Shift"键),在中心斜角方向移动鼠标,并在距中心适当距离处单击,然后释放"Shift"键,如此连续绘制四条星光,如图 3.3.13 所示。

图3.3.12　绘制的十字星

图3.3.13　绘制的米字星

④改变渐隐值为"20",以同样的方法在中心斜角方向连续画八条星光,如图 3.3.14 所示。

3）绘制满天星

①选择【选择工具】,执行【编辑】→【自由变换】命令(快捷键为"Ctrl"+"T"),将星星缩小至合适的大小,并移动到适当的位置,并在图层面板的"不透明度"选项中调整其不透明度为"75%",如图 3.3.15 所示。

②选择"图层 1",并拖至图层面板下方的【创建新图层】图标上,然后释放鼠标,可实现对"图层 1"星星的复制,并生成新的图层。

③使用【选择工具】将"图层 1 副本"移至合适的位置,并执行【编辑】→【自由变换】命令调整其大小,同时适当调整其"不透明度",效果如图 3.3.16 所示。

图3.3.14 星星效果

图3.3.15 调整大小和不透明度后的
星星效果

④复制更多的星星,并通过改变其大小、位置和不透明度,得到满天的星星,效果如图3.3.17所示。

图3.3.16 两颗星星的效果

图3.3.17 星空效果图

4)绘制草地

建立新图层,选择大小为"100"的"柔边圆"画笔笔尖,使用绿色(R=50,G=150,B=100)在画布涂绘草地。

5)绘制树干和树枝

建立新图层,选择"柔边圆"画笔笔尖,设置其硬度为"25%",并适当调整笔尖大小,使用褐色(R=140,G=140,B=80)绘制树干和树枝,效果如图3.3.18所示。

图3.3.18 绘制树干和树枝

6)绘制树叶

建立新图层,选择大小为"50"的"枫叶"画笔笔尖,并设置前景色为橙红色(R=240,G=80,B=40),背景色为黄色(R=220,G=190,B=80),并适当设置【形状动态】【散布】【颜色动态】选项的参数,相关设置如图3.3.19所示。效果如图3.3.20所示。

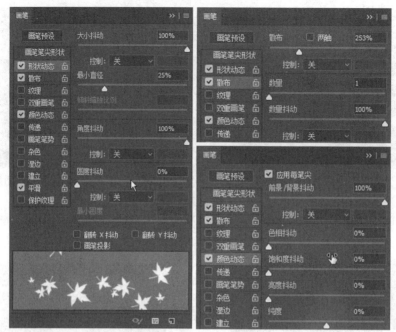

图3.3.19 【形状动态】【散布】【颜色动态】选项的设置

图3.3.20 绘制树叶

7）添加月亮和小白兔

①在工具箱中找到【自定义形状工具】 ，在属性栏中选择【填充像素】。

②单击【形状】选项，在展开的下拉列表中，单击右边的黑三角展开右拉菜单，如图3.3.21所示，在菜单中选取"动物"后，在弹出的对话框（见图3.3.22）中单击【追加】，动物形状将添加到【形状】的下拉列表中。

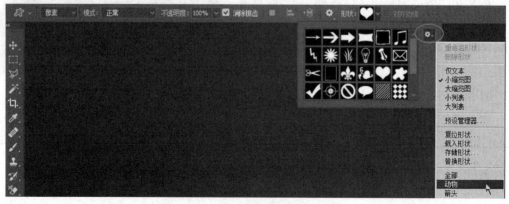

图3.3.21 【形状】选项的"动物"

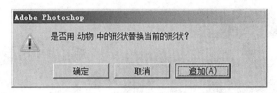

图3.3.22　添加形状弹出的对话框

③建立新图层,在【形状】选项的下拉列表中选择"兔"形状,并设置前景色为白色,在画布的草地上拖动鼠标绘制小兔,并执行【编辑】→【变换】→【水平翻转】命令将小兔转向。

④选择【铅笔工具】,并设置大小为"5px",前景色为暗红色(R=150,G=10,B=10),给小兔绘制眼睛。

⑤建立新图层,在【形状】选项的下拉列表中继续追加"形状",然后选择"新月"形状,并设置前景色为黄色(R=255,G=255,B=0),在画布的天空区域拖动鼠标绘制月亮。

8)保存文件

执行【文件】→【存储为】命令,打开【存储为】对话框,选择要保存的目录,将图像保存为"星空 .psd"。效果如图 3.3.23 所示。

图3.3.23　星夜效果图

3.4　图像绘制——画笔工具(2)

本节要点

- 追加、载入画笔;
- 自定义画笔。

知识链接

1. 追加、载入画笔

在【画笔预设选取器】中,默认显示的笔尖形状是基本画笔,若要显示系统其他的笔尖形状,可通过追加的方法将笔尖形状追加到【画笔预设选取器】中,如图 3.4.1 所示。

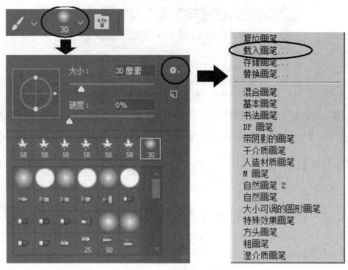

图3.4.1　追加画笔

图3.4.2　追加的自然画笔2

单击【画笔预设选取器】选项,在展开的下拉列表中,单击右边的黑三角展开右拉菜单,在菜单中选取所需要追加的笔尖形状,如"自然画笔2",系统将弹出对话框,在弹出的对话框中有【确定】【取消】和【追加】三个按钮。如果选择【确定】,所选的笔尖形状将取代原来的基本画笔;如果选择【取消】,所选的笔尖形状添加不成功;如果选择【追加】,追加的笔尖形状将出现在【画笔预设选取器】的下拉列表中,如图3.4.2所示。

此外,还可以通过在【画笔预设选取器】选项的右拉菜中,选取【载入画笔】命令载入下载的或自定义的 *.abr 笔刷文件来添加笔尖形状。

2. 自定义画笔

PS系统提供了不少笔尖形状,但还是远远不能满足创作需要,因此,有时需要自己创建笔刷,也即定义画笔预设。定义画笔预设的方法步骤如下:

①要打开准备作为笔刷的素材,如图3.4.3所示。

②执行【编辑】→【定义画笔预设】命令,在弹出的【画笔名称】对话框中键入画笔名称后,单击【确定】按钮,如图3.4.4所示。定义好的笔刷将出现在【画笔预设选取器】中。

图3.4.3

图3.4.4　【画笔名称】对话框

操作实践

1. 条纹胶卷

1）新建文件

执行【文件】→【新建】命令，在打开的【新建】对话框中，设置文件的大小为1 200 px×600 px，分辨率为72 px/in。

2）绘制胶卷

①单击图层调板下方的【创建新图层】 ，创建"图层1"。

②选择【矩形选框工具】，设置"样式"选项为"固定大小"，"宽度"为"1 060 px"，"高度"为"380 px"，在画布中绘制一个矩形，如图3.4.5所示。

③设置前景色为黑色（R=0, G=0, B=0），并执行【编辑】→【填充】命令（或按"Alt"+"Delete"快捷键）给选区填充前景色，如图3.4.6所示。

图3.4.5 绘制选区

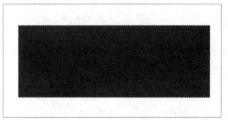

图3.4.6 填充选区

④单击图层调板下方的【创建新图层】 ，创建"图层2"。选择【画笔工具】，单击属性栏的【画笔预设选取器】选项，在展开的下拉列表中，单击右边的黑三角展开右拉菜单，在菜单中选取所"方头画笔"笔尖形状。方头画笔笔尖形状将出现【画笔预设选取器】的下拉列表中。

⑤选取"硬边方形"笔刷，打开画笔调板，设置大小为"26 px"，间距为"160%"。在画布上要绘制小孔的位置，按"Shift"键的同时拖动鼠标绘制方形小孔，效果如图3.4.7所示。

图3.4.7 绘制胶卷

3）绘制彩色条纹

①单击图层调板下方的【创建新图层】 ，创建"图层3"。

②选择【矩形选框工具】，设置"样式"选项为"固定大小"，"宽度"和"高度"均为"210 px"，在画布中绘制一个矩形，如图3.4.8所示。

③创建图层4，设置前景色为黄色（R=255, G=255, B=0），选择【画笔工具】，单击属性栏中的【切换画笔面板】 ，打开画笔面板，在【画笔笔尖形状】中找到"硬边方形"笔刷，并设置其"大小"为"340 px"，"角度"为"90度"，"圆度"为"8%"，"间距"为"14%"，在矩形选框中绘制条纹。参数设置如图3.4.9所示。

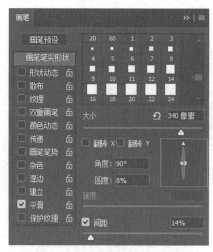

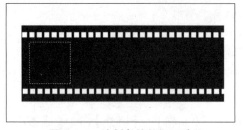

图3.4.8 绘制条纹的矩形选区　　　　　　图3.4.9 画笔面板的参数设置

④选择【选框工具】(或其他的选择工具),将鼠标移至选区上方,当鼠标变为 时,拖动选区至下一个要绘制条纹的区域。再次选择【画笔工具】,并单击属性栏中的【切换画笔面板】 打开画笔面板,修改原来的画笔参数,"角度"为"0度",设置前景色为绿色(R=0,G=255,B=0),在矩形选框中绘制条纹。

⑤继续移动选区,设置前景色为紫色(R=255,G=0,B=255),在【画笔笔尖形状】中更改"角度"为"45度",在选区中画出紫色条纹。

⑥继续移动选区,设置前景色为蓝色(R=150,G=150,B=250),在【画笔笔尖形状】中更改"角度"为"–45度",在选区中画出蓝色条纹。效果如图3.4.10所示。

图3.4.10 彩色条纹胶卷效果

4)保存文件

执行【文件】→【存储为】命令,打开【存储为】对话框,选择要保存的目录,将图像保存为"彩色条纹胶卷.psd"。

2. 夏夜的绘制

1)自定义蝴蝶画笔

①执行【文件】→【打开】命令(或按"Ctrl"+"O"快捷键)打开"\素材\3.4"下的"hudie.jpg"文件,如图3.4.11所示。

②执行【编辑】→【定义画笔预设】命令,在弹出的【画笔名称】对话框中输入画笔的名称,然后单击【确定】按钮,如图3.4.12所示。

图3.4.11 hudie.jpg图像

图3.4.12 【画笔名称】对话框

2）新建文件

执行【文件】→【新建】（或按"Ctrl"+"N"快捷键），新建大小为900 px×600 px，分辨率为72 px/in的文件。

3）绘制背景

设置前景色为蓝色（R=60，G=40，B=140），并执行【编辑】→【填充】命令（或按"Alt"+"Delete"快捷键）给选区填充前景色，如图3.4.13所示。

图3.4.13 绘制夏夜背景

4）绘制草地

①单击图层调板下方的【创建新图层】，创建"图层1"。

②选择【画笔工具】，单击属性栏中的【切换画笔面板】，打开画笔面板，在【画笔笔尖形状】中找到"草"笔刷，并设置其"大小"为"260 px"。在【形状动态】中设置"角度抖动"为"8%"。参数设置如图3.4.14所示。

③将前景色设为绿色（R=50，G=140，B=40），使用【画笔工具】在画布上绘制草地，效果如图3.4.15所示。

5）绘制星星

①单击图层调板下方的【创建新图层】，创建"图层2"。

②选择【画笔工具】，单击属性栏中的【切换画笔面板】，打开画笔面板，在【画笔笔尖形状】中找到"70 px"的"星星"笔刷；并在【形状动态】中设置"大小抖动"为"100%"。"散布"的参数设置为"250%"。具体如图3.4.16所示。

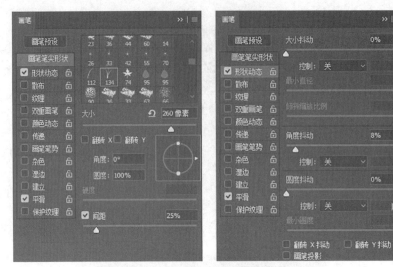

图3.4.14　草笔刷的参数设置

图3.4.15　绘制好的草地效果

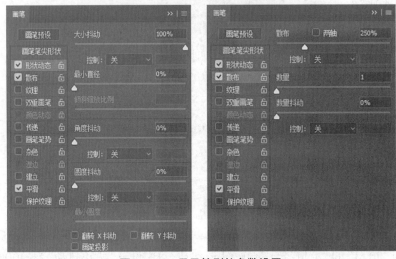

图3.4.16　星星笔刷的参数设置

③将前景色设为白色（R=255，G=255，B=255），使用【画笔工具】绘制星星，效果如图 3.4.17 所示。

图3.4.17　绘制星星后的效果

6）绘制萤火虫

①单击图层调板下方的【创建新图层】▣，创建"图层3"。

②选择【画笔工具】，单击属性栏中的【切换画笔面板】🖌，打开画笔面板，在【画笔笔尖形状】中找到"星形"笔刷，并设置其"大小"为"100 px"；"间距"为"30%"；在【形状动态】中设"大小抖动"为"50%"；"散布"的参数设置为"100%"，如图 3.4.18—图 3.4.20 所示。

③设置前景色为黄色（R=250，G=250，B=80），使用【画笔工具】绘制萤火虫，效果如图 3.4.21 所示。

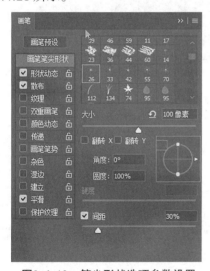

图3.4.18　笔尖形状选项参数设置

图3.4.19　形状动态选项参数设置

7）绘制蝴蝶

①创建图层 4，选择【画笔工具】，在属性栏【画笔预设选择器】中找到前面定义的"hudie"笔刷，并设置"大小"为"150px"。

②分别设置前景色为橙色（R=240，G=140，B=60）、黄色（R=250，G=250，B=150）、紫色（R=200，G=150，B=230）绘制蝴蝶，最终效果如图 3.4.22 所示。

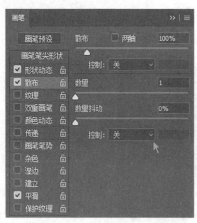

图3.4.20　散布选项参数设置

图3.4.21　绘制萤火虫后效果图

8）保存文件

执行【文件】→【存储为】命令保存文件。

图3.4.22　夏夜效果图

3.5　综合应用

操作实践

制作"在那桃花盛开的地方"

1）新建文件

执行【文件】→【新建】命令（或按"Ctrl"+"N"快捷键），新建大小为 600 px×400 px，分辨率为 72 px/in 的文件。

2）绘制背景

设置前景色为蓝色（R=120，G=120，B=200），并执行【编辑】→【填充】命令（或按"Alt"+"Delete"快捷键）给选区填充前景色。

3）绘制小草

①单击图层调板下方的【创建新图层】，创建"图层 1"，选择【画笔工具】，单击属性

栏中的【切换画笔面板】 ![icon] 打开画笔面板, 在【画笔笔尖形状】中找到"草"笔刷, 并设置画笔"大小"为"170 px"; 在【形状动态】中将"大小抖动"设为"50%", "角度抖动"设为"8%"; "散布"设为"80%"。

②设置前景色为绿色(R=80, G=195, B=30), 绘制草地, 如图 3.5.1 所示。

4) 绘制树干、树枝

①单击图层调板下方的【创建新图层】 ![icon], 创建"图层 2"。

②选择【画笔工具】, 在属性栏【画笔预设选取器】中找到"柔边圆"笔刷, 设置"大小"为"24 px"。并设置前景色为棕色(R=70, G=50, B=35), 绘制树干, 效果如图 3.5.2 所示。

图3.5.1 绘制草地后的效果　　　　　　图3.5.2 绘制树干后的效果

5) 绘制桃花

(1) 定义桃花笔刷

①执行【文件】→【新建】命令(或按"Ctrl"+"N"快捷键), 新建大小为 80 px×80 px, 分辨率为 72 px/in 的文件。

②新建图层, 选择【椭圆选框工具】, 在属性栏中选择"添加到选区"选项, 在画布上绘制 5 个椭圆选区, 并填充彩色, 效果如图 3.5.3 所示。

③执行【编辑】→【定义画笔预设】命令, 在弹出【画笔名称】的对话框中输入画笔的名称"桃花", 然后单击【确定】按钮, 如图 3.5.4 所示。

画笔名称	×
名称: 桃花	确定
	取消

图3.5.3 绘制桃花图案　　　　图3.5.4 画笔名称对话框

(2) 绘制桃花

①单击"在那桃花盛开的地方"工作区, 将其切换为当前工作画布。

②创建图层 3, 选择【画笔工具】, 单击属性栏中的【切换画笔面板】 ![icon], 打开画笔面板, 在【画笔笔尖形状】中找到"桃花"笔刷, 并设置"大小"为"40 px", "间距"为"50%", 如图 3.5.5 所示。

③选择【形状动态】选项，设置"大小抖动"为"100%"，"最小直径"设为"80%"，"角度抖动"设为"100%"，如图3.5.6所示。

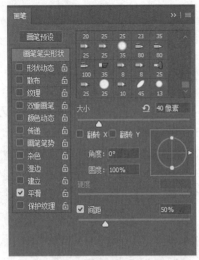

图3.5.5 【画笔笔尖形状】的
相关参数设置

图3.5.6 【形状动态】的
相关参数设置

④选择【散布】选项，设置"散布"为"300%"，如图3.5.7所示。

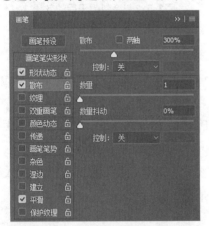

图3.5.7 【散布】的相关参数设置

图3.5.8 绘制桃花后的效果

⑤分别设置前景色为淡紫色（R=210，G=115，B=210）和粉色（R=240，G=200，B=230），并绘制桃花。

⑥新建"图层4"，在【画笔预设选取器】中找到"喷溅"笔刷，设置前景色为橙色（R=215，G=130，B=80），画出花蕊，效果如图3.5.8所示。

6）绘制花瓣

（1）定义花瓣

①执行【文件】→【新建】命令（或按"Ctrl"＋"N"快捷键），新建大小为80 px×80 px，分辨率为72 px/in的文件。

②新建图层，选择【椭圆选框工具】在画布绘制一个椭圆，并填充彩色，如图3.5.9所示。

然后执行【编辑】→【定义画笔预设】命令,在弹出【画笔名称】的对话框中输入画笔的名称"花瓣",单击【确定】按钮,如图3.5.10所示。

图3.5.9　绘制花瓣图案　　　　　　　　　　图3.5.10　画笔名称对话框

（2）绘制花瓣

①单击"在那桃花盛开的地方"工作区,将其切换为当前工作画布。

②创建"图层5",选择【画笔工具】,单击属性栏中的【切换画笔面板】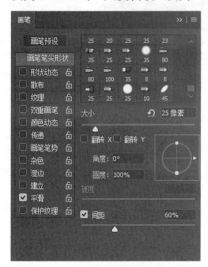,打开画笔面板,在【画笔笔尖形状】中找到"花瓣"笔刷,并设置"大小"为"25 px","间距"为"60%",如图3.5.11所示。

③选择【形状动态】选项,设置"大小抖动"为"100%","最小直径"设为"80%","角度抖动"设为"100%","圆度抖动"设为"20%",如图3.5.12所示。

图3.5.11　【画笔笔尖形状】的　　　　　图3.5.12　【形状动态】的
　　　　相关参数设置　　　　　　　　　　　　相关参数设置

④选择【散布】选项,设置"散布"为"500%",如图3.5.13所示。

⑤设置前景色为粉色(R=240,G=200,B=230)绘制花瓣,效果如图3.5.14所示。

7）绘制白云

创建"图层6",选择【画笔工具】,在【画笔预设选取器】中找到"柔边圆"笔刷,设置其"大小"为"60 px",并设置前景色为白色(R=255,G=255,B=255)绘制白云。将图层的"不透明度"调为"85%",完成"在那桃花盛开的地方"的绘制。效果如图3.5.15所示。

图3.5.13　【散布】的相关参数设置　　　　　图3.5.14　绘制花瓣后的效果

图3.5.15　在那桃花盛开的地方参考效果图

8）保存文件

执行【文件】→【存储为】命令保存文件。

第4章 图像的修复与修饰

图像的修复和修饰是 Photoshop 图像处理的重要内容之一。图像修复主要包括对图像划痕、破损区域的修复和污渍的清除；而图像修饰则是指对图像进行局部的润色、锐化等美化操作。随着手机相机技术的成熟，图像的修复和修饰不仅广泛应用于影楼的后期制作，也应用于人们的日常生活中。

4.1 图像的修复——修复工具

本节要点

- 污点修复画笔工具的使用；
- 修复画笔工具的使用；
- 修补画笔工具的使用；
- 红眼工具的使用；
- 填充命令（内容识别）的使用。

知识链接

1. 修复工具组

图像修复工具组主要由【污点修复画笔工具】【修复画笔工具】【修补工具】【内容感知移动工具】和【红眼工具】四个工具组成，如图 4.1.1 所示。

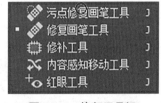

图4.1.1 修复工具组

【污点修复画笔工具】：可以快速地消除图像中的污渍和斑点，而不必先取样。

【修复画笔工具】：根据取样点的颜色来修复图像，并能使修复后效果很自然地融入周围的图像中。

【修补工具】：利用图像的其他区域或图案来修复本图像，某些情况下，使用它修复的速度较【修复画笔工具】快。

【内容感知移动工具】：既可以移除图像中的多余物体，并修复该区域，同时还可以将物体移动至图像的其他区域，重新混合组色，产生新的位置视觉效果。

【红眼工具】  :能快速消除照片中的红眼现象。

2. 污点修复工具

1）相关属性

单击工具箱中的【污点修复画笔工具】 按钮,其属性栏中各个选项如图 4.1.2 所示。

图4.1.2　【污点修复画笔工具】属性栏

【"画笔"选取器】:用于设置笔尖大小及笔尖边缘的虚实程度。

【模式】:画笔修复时与画面的混合模式。

【类型】:当选取【近似匹配】选项时,可以使用污点周围的颜色像素来修复图像;当选取【创建纹理】选项时,在修复时还会添加一定的纹理效果;当选取【内容识别】选项时,软件会自动分析周围图像的特点,对选定区域进行智能识别修复。

【对所有图层取样】:修复操作对所有图层都起作用。

2）操作方法

在需要修复的区域单击鼠标,即可清除修复照片中污点。图 4.1.3 是选择了【类型】中的【近似匹配】选项修复的效果。

图4.1.3　使用【污点修复画笔工具】修复照片前后及效果

3. 修复画笔工具

1）相关属性

单击工具箱中的【修复画笔工具】 按钮,其属性栏中各个选项如图 4.1.4 所示。

图4.1.4　【修复画笔工具】属性栏

【源】:当选择【取样】选项时,可以用单击的源点来修复图像;当选择【图案】选项时,则使用图案来修复图像。

【对齐】:通过点击的方式修复不同的修复点时,如果勾选【对齐】选项,取样的点位置会跟随着修复点的变化而变化,如果不勾选【对齐】选项,取样点位置将保持不变。

2）操作方法

使用【修复画笔工具】修复照片，必须先取样。取样点（源点）一般应选择与待修复区域颜色较接近的位置或待修复区域的周围，如图 4.1.5 所示。取样时，按 "Alt" 键的同时，单击取样点位置，即可完成取样。

完成取样后，单击要修复的污点处，即可清除修复照片中的污点，如图 4.1.6 所示。

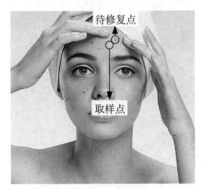

图4.1.5　使用【修复画笔工具】
修复示意图

图4.1.6　修复点的效果

4. 修补工具

1）相关属性

单击工具箱中的【修补工具】按钮，其属性栏中各个选项如图 4.1.7 所示。

图4.1.7　在【修补工具】属性栏中选择 "正常" 时的界面

：选区运算按钮，用于运算选区。

【修补】：控制工具的修复方法。【源】和【目标】两者可选其一，其中，【源】可以用其他区域的图像对所选的待修复区域进行修复；【目标】可以用所选区域的图像对待修复区域进行修复。

【透明】：勾选此复选框，可以在修复的过程中产生透明的效果。

【使用图案】：选择要修复的区域，并在属性栏中选择好图案，单击该按钮可使用选择好的图案来修复图像。

【扩散】：调整扩散的程度。

2）操作方法

（1）选择【源】选项时

将鼠标置于照片中，按住鼠标拖曳选取要修复的污点区域，并拖动选区至 "用于修复污点的样本区域"，然后释放鼠标，即可完成污点的修复。图 4.1.8 是选择【修补】中的【源】选项来修复的示意图及效果。

（2）选择【目标】选项时

将鼠标置于照片中，按住鼠标拖曳选取 "用于修复污点的样本区域"，并拖动选区至要修复的污点上,释放鼠标即可完成污点的修复。图4.1.9是选择【修补】中的【目标】选项来修复的示意图及效果。

待修复区域

用于修复污点的样本区域

图4.1.8　选择【修补】中的【源】选项来修复的示意图及效果

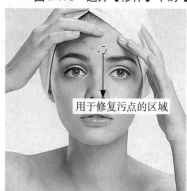

用于修复污点的区域

图4.1.9　选择【修补】中的【目标】选项来修复的示意图及效果

5. 内容感知移动工具

单击工具箱中的【内容感知移动工具】按钮,其属性栏中各个选项如图4.1.10所示。

图4.1.10　【内容感知移动工具】属性栏

【模式】:选择要执行的动作功能。选择"扩展"功能时,可以实现局域物体的复制和移动操作;选择"移动"选项时,可以将物体移动至图像其他区域,重新混合组色,产生新的位置视觉效果。

【结构】:调整源结构的保留严格程度,即对移动对象边缘与周围环境融合程度的控制。取值范围为1～7,值越大,融合程度的强度越大。

【颜色】:调整可修改源色彩的程度,取值范围为1～10,值越大,移动对象的色彩与周围环境色彩的融合程度越高。

图4.1.11为选择了"移动"模式,"结构"选项值为"7"和"颜色"选项值为"10"的前后效果。

图4.1.11　使用【内容感知移动工具】工具前后效果

6. 红眼工具

1）相关属性

单击工具箱中的【红眼工具】 按钮,其属性栏中各个选项如图 4.1.12 所示。

图4.1.12　【红眼工具】属性栏

【瞳孔大小】:用于设置红眼修复的范围。

【变暗量】:用于控制红眼修复的明暗程度。

2）操作方法

单击图像中的红眼处,即可消除红眼现象,如图 4.1.13 所示。

用【红眼工具】单击红眼处

图4.1.13　使用【红眼工具】来修复红眼的示意图及效果

7. 填充命令

内容识别功能主要存在于【污点修复画笔工具】【修补工具】和【编辑】菜单下的【填充】命令中,如图 4.1.14 所示。

内容识别功能是根据周围图像的特点,对填充区进行智能处理,得到一个与周围环境相匹配的填充好的区域。

操作上,先创建好要修复区域的选区,然后再执行【编辑】→【填充】命令,在【填充】对话框的【内容】选项中选择“内容识别”。

图4.1.14　【填充】对话框中的“内容识别”选项

操作实践

1. 美化照片

1）打开素材

执行【文件】→【打开】命令,打开"\ 素材 \4.1"下的"美眉 . jpg"文件,如图 4.1.15 所示。

2）去痘痘

①将背景图层拖至【图层】面板下方的【创建新图层】 🗂 上释放,复制背景副本。

②选择【修补工具】,在属性栏选择【修补】的【源】选项。

③在图像中, 按住鼠标拖曳选取要修复的污点区域,并拖动选区至"用于修复污点的区域",然后释放鼠标,完成第一个痘痘的修复。

④依照上面的方法,继续修饰照片中的其他痘痘。

3）清除红眼

①选择【红眼工具】,属性栏的"瞳孔大小"和"变暗量"保留默认设置"50%"。

②单击图像中的红眼处,消除红眼现象。最终修复效果如图 4.1.16 所示。

图4.1.15 "美眉. jpg"素材   图4.1.16 去痘和去红眼后的效果

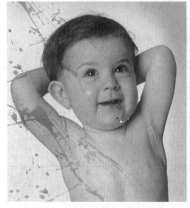

图4.1.17 "修复墨迹. jpg"图像

4）保存文件

执行【文件】→【存储为】命令保存文件。

2. 修复照片

1）打开素材

执行【文件】→【打开】命令,打开"\ 素材 \4.1"下的"修复墨迹 . jpg"文件,如图 4.1.17 所示。

2）修复头发区域

①使用【魔棒工具】, 设置选区的运算为"添加到选区","容差"分别设置为"30""20""10",为有墨迹的头发创建选区,如图 4.1.18 所示。

②执行【编辑】→【填充】命令, 在【填充】对话框的"内容"选项中选择"内容识别"。执行后效果如图 4.1.19 所示。

图4.1.18 对头发中有墨迹的
区域创建选区

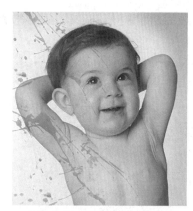

图4.1.19 修复头发后的效果

3）修复背景

①使用【魔棒工具】，并配合【多边形套索工具】创建背景选区，【魔棒工具】【多边形套索工具】属性栏的设置如图4.1.20、图4.1.21所示。创建的背景选区如图4.1.22所示。

图4.1.20 【魔棒工具】属性栏的设置

图4.1.21 【多边形套索工具】属性栏的设置

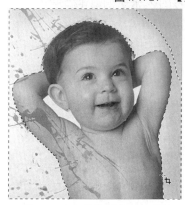

图4.1.22 对背景中有墨迹的
区域创建选区

图4.1.23 修复背景后的效果

②选择【修复画笔工具】，选取最接近待修复区颜色的区域作为取样点，通过不断变换取样点，修复背景中的墨迹。效果如图4.1.23所示。

4）修复身体部分的墨迹

①执行【选择】→【反向】命令（或按"Shift"+"Ctrl"+"I"快捷键），反向选择选区。

②选择【修复画笔工具】，设置属性栏的"模式"为"替换"，并调整好笔尖大小和硬度，修复手臂边缘，取消选区，效果如图4.1.24所示。

③再次使用【魔棒工具】选取墨迹区域，然后执行【编辑】→【填充】命令中的"内容识别"选项，修复剩下的绝大部分的墨迹。

④最后，使用【修补工具】对胳肢窝部分的褶皱进行修复，完成后的效果如图4.1.25所示。

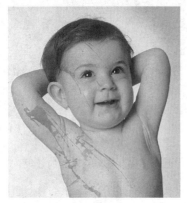

图4.1.24 修复手臂边缘的
墨迹后的效果

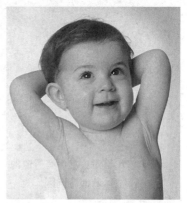

图4.1.25 修复完成后的效果图

你知道吗？

【编辑】→【填充】命令中的"内容识别"选项，针对面积比较大的修复区域，使用它虽然很方便、快捷，效果也不错，但是一旦遇上要修复的区域是边缘区域或颜色较为复杂，效果可能就不太理想了，这也是为什么本案例中我们没有大面积地使用"内容识别"来填充修复的原因所在。

5）保存文件

执行【文件】→【存储为】命令保存文件。

4.2　图章工具

本节要点

- 仿制图章工具的使用；
- 图案图章工具的使用。

知识链接

图章工具组包含了【仿制图章工具】和【图案图章工具】，既用于复制图像和图案，也常用于修复图像。

1. 仿制图章工具的使用

【仿制图章工具】的使用方法与【修复画笔工具】类似，它可以通过复制局部图像达到修复图像的目的，此外，不仅可在同一幅图像上操作，而且还可从任何一幅打开的图像上取样后复制到现用图像上。

1）相关属性

单击工具箱中的【仿制图章工具】![按钮]，其属性栏中各个选项如图 4.2.1 所示。

图4.2.1　【仿制图章工具】属性栏

【模式】：画笔修复时与画面的混合模式。

【不透明度】：设置绘制时颜色的透明效果。

【流量】：用于控制画笔在绘画的过程中向四周扩展的程度。

【喷枪】![]：按下该按钮，表示工具具有喷枪的特性。

【对齐】：与【修复画笔工具】中的【对齐】类似。通过点击的方式复制图像时，如果勾选 "对齐" 选项，取样的点位置会跟随盖章点的变化而变化，如果不勾选 "对齐" 选项，取样的点位置将保持不变。

2）操作方法

将鼠标置于要复制的对象上，按住 "Alt" 键的同时单击取样，取样完毕后，在目标图像上涂抹或单击即可实现图章的复制效果。

2. 图案图章工具的使用

【图案图章工具】可将各种定义好的图案填充到图像中。

1）相关属性

单击工具箱中的【图案图章工具】![按钮]，其属性栏中各个选项如图 4.2.2 所示。

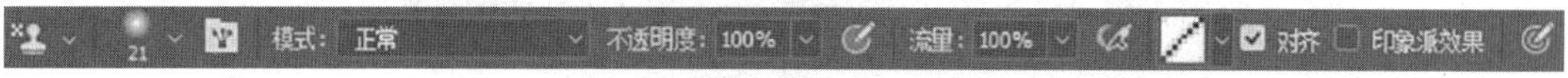

图4.2.2　【图案图章工具】属性栏

【图案】![]：定义好的图案将出现在该列表框中。

【印象派效果】：勾选此复选框，笔触具有印象派效果。

2）操作方法

①执行【编辑】→【定义图案】命令定义图案。

②单击工具箱中的【图案图章工具】，在属性栏的![]选项中选择定义好的图案。

③用鼠标在图像上涂抹，即可实现图案的填充。

操作实践

1. 制作花纹背景

1）打开素材

执行【文件】→【打开】命令，打开 "\ 素材 \4.2" 下的 "气球 . jpg" 和 "时尚女孩 . jpg" 文件，如图 4.2.3 所示。

图4.2.3　打开"气球.jpg"和"时尚女孩.jpg"图像

2）使用仿制图章工具复制女孩

①激活"时尚女孩.jpg"图像窗口。选择【仿制图章工具】，设置笔尖大小为"140"左右，并勾选"对齐"选项。

②将鼠标置于女孩的头部，按住"Alt"键的同时单击取样，然后在图像左右空白处涂抹，完成女孩的复制，效果如图4.2.4所示。

图4.2.4　复制女孩后的效果图

3）使用图案图章工具制作底纹

①单击"气球.png"，将其切换为当前工作窗口。

②执行【编辑】→【定义图案】命令将气球定义为图案，如图4.2.5所示。

图4.2.5　定义图案时打开的【图案名称】对话框

③单击工具箱中的【图案图章工具】，在属性栏的 选项中选择定义好的"气球"图案，并调整好笔尖大小。

④激活"时尚女孩 . jpg"图像，单击图层调板下方的【创建新图层】 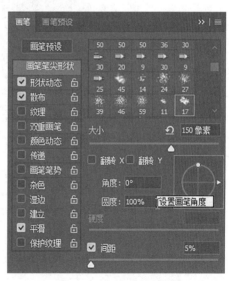 ，创建"图层1"，然后用鼠标在图像上涂抹，即可实现气球图案的填充。效果如图 4.2.6 所示。

图4.2.6 复制的最终效果

4）保存文件

执行【文件】→【存储为】命令保存文件。

2. 制作水彩画效果

1）打开素材

执行【文件】→【打开】命令，打开"\ 素材 \4.2"下的"花 . jpg"文件。

2）定义图案

执行【编辑】→【定义图案】命令，将图像"花 . jpg"定义为图案。

3）绘制水彩效果

①单击图层面板下方的【创建新图层】 ，创建"图层1"。

②选择【图案图章工具】，单击属性栏中的【切换画笔面板】 按钮打开【画笔面板】，在【画笔笔尖形状】中选择"粉笔"笔尖，大小为"150 px"，并在【形状动态】中设置"角度抖动"为"100%"，在【散布】中设置散布为"100%"，如图 4.2.7—图 4.2.9 所示。

③返回【图案图章工具】的属性栏，在其属性栏中设置"不透明度"为"90%"，并勾选"对齐"和"印象派效果"，如图 4.2.10 所示。

图4.2.7 设置笔尖形状及大小

④按住鼠标左键在图像上涂抹，涂抹过程中适当调整笔刷的大小。完成的最终效果如图 4.2.11 所示。

4）保存文件

执行【文件】→【存储为】命令保存文件。

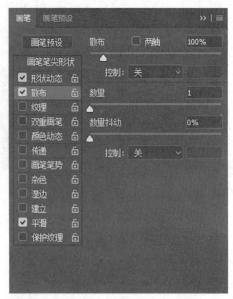

图4.2.8 设置笔触的【角度抖动】选项　　　　图4.2.9 设置【散布】选项

图4.2.10 设置【图案图章工具】的属性栏

图4.2.11 水彩画的最终效果

4.3 橡皮擦工具组

本节要点

- 橡皮擦工具的使用。

知识链接

橡皮擦工具常用于擦除多余的图形图像和背景。橡皮擦工具组主要包括了三个工具：

【橡皮擦工具】：主要用于擦除多余的图形图像或画痕。

【背景橡皮擦工具】：主要用于擦除图像的背景。

【魔术橡皮擦工具】：能够识别并擦除与单击点的颜色相邻或相近的颜色像素。其功能相当于【魔棒工具】+【橡皮擦工具】。

1. 橡皮擦工具的使用

1）相关属性

单击工具箱中的【橡皮擦工具】按钮，其属性栏中各个选项如图 4.3.1 所示。

图4.3.1　【橡皮擦工具】属性栏

【抹到历史记录】：勾选此选项，能将图像恢复到任一历史记录的源状态。

2）操作方法

将鼠标置于图像中，按住鼠标左键拖动即可擦除图像。如果是普通图层，擦除后将变为透明状态，如图 4.3.2 所示；如果是背景图层，擦除的区域将填充上背景色。图 4.3.3 为填充了绿色背景色的效果。

图4.3.2　普通图层擦除后的效果

图4.3.3　背景图层擦除后的效果

2. 背景橡皮擦工具的使用

1）相关属性

单击工具箱中的【背景橡皮擦工具】按钮，其属性栏中各个选项如图 4.3.4 所示。

图4.3.4　【背景橡皮擦工具】属性栏

（取样：连续）：能随着鼠标的移动而不断地取样。

（取样：一次）：以鼠标第一次单击的颜色为取样颜色，擦除时，只做一次连续的擦除。

（取样：背景色板）：以工具箱中的背景色为取样颜色，擦除与背景色相同或相近的颜色像素。

【限制】：用于控制橡皮擦擦除的方式。选择"连续"，表示擦除在"容差"范围内所有与取样点相同的且相邻的颜色像素；选择"不连续"，表示擦除在"容差"范围内所有与取样点相同的颜色像素；选择"查找边缘"，表示擦除时能自动识别边缘。

【容差】：用于控制擦除的颜色范围。

【保护前景色】：勾选该选项，用于保护图像中与工具箱前景色相同的颜色像素，不被擦除。

2）操作方法

将鼠标置于图像中，按住鼠标左键拖动即可擦除图像，擦除后的区域将呈透明状态。如果是背景图层，图层将自动转换为普通图层，并更名为"图层0"，如图4.3.5所示。

图4.3.5　背景图层擦除后的效果及图层的显示

3. 魔术橡皮擦工具的使用

1）相关属性

单击工具箱中的【魔术橡皮擦工具】按钮，其属性栏中各个选项如图4.3.6所示。

图4.3.6　【魔术橡皮擦工具】属性栏

【容差】：用于控制擦除的颜色范围。

【连续】：勾选该选项，表示擦除的颜色区域和取样点是相连的。

2）操作方法

用鼠标单击图像中要擦除的区域，如果勾选了"连续"选项，将擦除在"容差"范围内与单击点相同且相邻的颜色像素，背景图层自动转换为"图层0"；如果不勾选"连续"选项，将擦除在"容差"范围内与单击点相同的颜色像素，且背景图层也将自动转换为"图层0"。图4.3.7是"容差"设置为"32"，在画面空白区域单击擦除的效果。

图4.3.7　使用【魔术橡皮擦工具】擦除后的效果

操作实践

利用橡皮擦工具合成图像

1）打开素材

执行【文件】→【打开】命令，打开"\素材\4.3"下的"边框.jpg"和"女孩.jpg"图像，如图 4.3.8 所示。

图4.3.8 打开"边框.jpg"和"女孩.jpg"图像

2）擦除背景

①单击"女孩.jpg"，将其切换为当前工作窗口。

②选择【魔术橡皮擦工具】，并设置其属性栏的"容差"为"30"，勾选"连续"选项，然后在图像的空白背景处单击并拖动，擦除背景，如图 4.3.9 所示。

3）合成图像

选择【移动工具】，使用其移动功能，将已擦除背景的女孩移至"边框"中，效果如图 4.3.10 所示。

4）保存文件

执行【文件】→【存储为】命令保存文件。

图4.3.9 擦除背景后的"女孩"图像   **图4.3.10 合成图像的效果图**

4.4　填充工具

本节要点

- 油漆桶工具的使用；
- 渐变工具的使用。

知识链接

1. 油漆桶工具的使用

油漆桶工具的功能与【填充】命令相类似，都是用于填充颜色或图案的。不同点在于油漆桶工具根据单击点取样，只填充与单击点像素颜色相同或相近的区域。

1）相关属性

单击工具箱中的【油漆桶工具】▧按钮，其属性栏中各个选项如图 4.4.1 所示。

图4.4.1　【油漆桶工具】属性栏

前景 ▼ （设置填充区域的源）：默认选择了"前景"选项，表示使用工具箱中的前景色来填充图像；如果在列表中选择"图案"，则表示使用图案来填充图像。

【连续的】：勾选此复选框，表示只填充在"容差"范围内与鼠标单击点颜色相近且相邻的像素点；不勾选此复选框，表示只填充在"容差"范围内与鼠标单击点颜色相近的所有像素点。

【所有图层】：勾选此复选框，表示填充操作对所有的可见图层都起作用；若不勾选，表示只对当前图层起作用。

2）操作方法

在图像上单击，如果"设置填充区域的源"为"前景"，并且勾选了"连续的"复选框，那么所有在"容差"范围内与鼠标单击点相同且相邻的像素点都被填充为前景色；如果"设置填充区域的源"为"前景"，没有勾选【连续的】复选框，那么所有在"容差"范围内与鼠标单击点相同的像素点都被填充为前景色，如图 4.4.2 所示，图像中的所有绿色像素都被填充了前景色（R=250，G=100，B=200）。

2. 渐变工具的使用

渐变工具能给图像填充多种颜色，并且在邻近的颜色间相互形成过渡效果。

1）相关属性

单击工具箱中的【渐变工具】▦按钮，其属性栏中各个选项如图 4.4.3 所示。

▦（渐变编辑器）：用于编辑渐变的颜色及透明效果。

【线性渐变】▦：自鼠标落点至终点产生直线渐变效果。

图4.4.2 使用【油漆桶工具】将图像的绿色区域填充为紫色

图4.4.3 【渐变工具】的属性栏

【径向渐变】：以鼠标落点为圆心，拖曳鼠标的距离为半径，产生圆形渐变效果。

【角度渐变】：以鼠标落点为中心，自拖曳鼠标的角度起旋转360°，产生锥形渐变效果。

【对称渐变】：也产生直线渐变，与【线性渐变】的不同点在于它能产生对称效果。

【菱形渐变】：以鼠标落点为中心，拖曳鼠标的距离为半径，产生菱形渐变效果。

【反向】：勾选此复框，可以使当前显示的渐变色与设置的渐变色方向相反。

【仿色】：勾选此复框，可以使渐变色间的过渡更加柔和。

【透明区域】：勾选此复框，支持在渐变中使用透明效果。

2）编辑渐变

单击属性栏的 （编辑渐变）按钮，打开【渐变编辑器】对话框，如图 4.4.4 所示。既可在对话框上方的"预设"中选择系统自带的渐变色，也可以在对话框下方的渐变色控制条中编辑新的渐变色。渐变色控制条上的色标说明如图 4.4.5 所示。

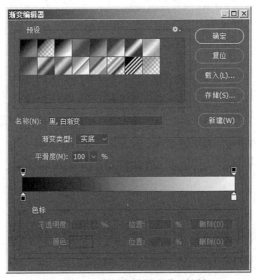

图4.4.4 【渐变编辑器】对话框

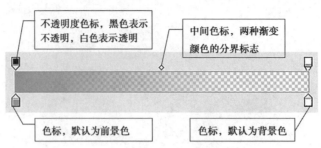

图4.4.5　渐变色控制条

添加色标：将鼠标置于渐变色控制条下方，当光标变为 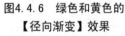 形状时单击即可添加色标。

删除色标：选择并拖动色标至对话框外，即可删除色标。

复制色标：选择要复制的色标，然后在渐变色控制条下方的任意位置单击，即可实现色标的复制。

更改色标颜色：双击要更改颜色的色标，即可在弹出的【拾色器】对话框中选取所需要的颜色。

图4.4.6　绿色和黄色的
【径向渐变】效果

3）填充渐变

将鼠标置于某个要填充的区域或图像上，并拖动鼠标即可实现渐变色的填充。图4.4.6为使用了绿色和黄色的【径向渐变】。

操作实践

1. 制作规则底纹

1）定义图案

①执行【文件】→【新建】命令（或按"Ctrl"+"N"快捷键），在打开的【新建】对话框中，设置文件的大小为 2 px×4 px，分辨率为 72 px/in，白色背景。

②选择【矩形选框工具】，设置样式选项为"固定大小"，"宽度"和"高度"均为"2 px"，在画布上部单击，绘制一个宽和高均为"2 px"的矩形。

③设置工具箱中的前景色为粉色（R=250, G=160, B=230），然后执行【编辑】→【填充】命令，使用前景色填充矩形选区（或按"Alt"+"Delete"快捷键），如图 4.4.7 所示。

④取消选区，执行【编辑】→【定义图案】命令，将绘制的图形定义为"条纹图案"。

2）填充图案

①执行【文件】→【新建】命令（或按"Ctrl"+"N"快捷键），新建一个大小为 400 px× 200 px 的文件。

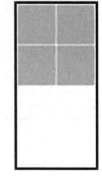

图4.4.7　新建的图案文件

②选择【油漆桶工具】，设置其属性栏中的"设置填充区域的源"为"图案"，并在"图案"列表中选择定义好的"条纹图案"。

③在新建好的画布上单击，使用图案填充画布，效果如图 4.4.8 所示。

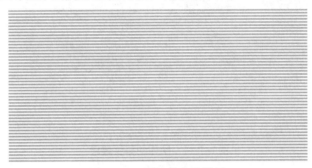

图4.4.8 制作的底纹效果

3）保存文件

执行【文件】→【存储为】命令保存文件。

2. 制作不规则底纹

1）定义图案

①执行【文件】→【新建】命令（或按"Ctrl"+"N"快捷键），在打开的【新建】对话框中，设置文件的大小为 5 px×5 px，分辨率为 72 px/in，白色背景。

②设置工具箱中的前景色为浅绿色（R=200，G=230，B=200），然后执行【编辑】→【填充】命令，使用前景色填充背景（或按"Alt"+"Delete"快捷键）。

③选择【矩形选框工具】，设置选区的运算为"添加到选区"，样式选项为"固定大小"，"宽度"和"高度"均为"1 px"，在画布中绘制如图 4.4.9 所示的选区。

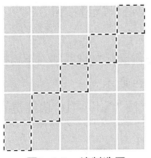
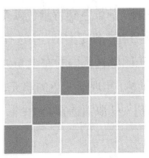

图4.4.9 绘制选区   图4.4.10 新建的图案文件

④设置工具箱中的前景色为绿色（R=30，G=160，B=40），然后执行【编辑】→【填充】命令，使用前景色填充矩形选区（或按"Alt"+"Delete"快捷键），如图 4.4.10 所示。

⑤取消选区，执行【编辑】→【定义图案】命令，将绘制的图形定义为"斜纹图案"。

2）填充图案

①执行【文件】→【新建】命令（或按"Ctrl"+"N"快捷键），新建一个大小为 400 px×200 px 的文件。

②选择【油漆桶工具】，设置其属性栏中的"设置填充区域的源"为"图案"，并在"图案"

列表中选择定义好的"斜纹图案"。

③在新建好的画布上单击,使用图案填充画布,效果如图 4.4.11 所示。

图4.4.11　制作的斜纹效果

3）保存文件

执行【文件】→【存储为】命令保存文件。

3. 绘制小圆球

1）绘制正圆

①执行【文件】→【新建】命令,新建大小为 300 px×300 px,分辨率为 72 px/in 的文件。

②单击图层调板下方的【创建新图层】 ⬛ ,创建"图层 1"。

③选择【椭圆选框工具】,设置"样式"选项为"固定大小","宽度"和"高度"均为"150 px",在画布中单击绘制圆形,如图 4.4.12 所示。

2）填充渐变

①设置前景色为前景色为白色（R=0, G=0, B=0）,背景色为蓝色（R=30, G=30, B=230）。

②选择【渐变工具】,单击属性栏中的"渐变编辑器",打开【渐变编辑器】对话框,在渐变"预设"中选择"前景色到背景色渐变",然后单击【确定】按钮。

③返回属性栏,在"渐变类型"中选择"径向渐变"。

④将鼠标置于图像选区内的左上角处,然后按住鼠标左键并往右下角拖动,在选区右下角的边缘处释放鼠标,实现渐变色的填充,如图 4.4.13 所示。

⑤执行【选择】→【取消选择】命令取消选区（或按"Ctrl"+"D"快捷键）。

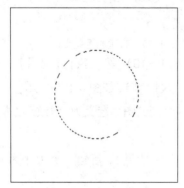

图4.4.12　绘制正圆选区

图4.4.13　填充渐变色后的效果

3）保存文件

执行【文件】→【存储为】命令保存文件。

4. 绘制按钮

1）绘制第一个圆形

①执行【文件】→【新建】命令，新建大小为 300 px×300 px，分辨率为 72 px/in 的文件。

②单击图层调板下方的【创建新图层】 ，创建"图层 1"。

③选择【椭圆选框工具】，设置"样式"选项为"固定大小"，"宽度"和"高度"均为"200 px"，在画布中单击绘制圆形。

2）为第一个圆填充渐变

①设置前景色为前景色为浅蓝色（R=230，G=240，B=250），背景色为深蓝色（R=20，G=70，B=150）。

②选择【渐变工具】，单击属性栏中的"渐变编辑器"，打开【渐变编辑器】对话框，在渐变"预设"中选择"前景色到背景色渐变"，然后单击【确定】按钮。

③返回属性栏，在"渐变类型"中选择"线性渐变"。

④将鼠标置于图像中的选区内的左上角处，然后按住鼠标左键并往右下角拖动，在选区的右下角边缘处释放鼠标，实现渐变色的填充，如图 4.4.14 所示。

3）绘制第二个正圆

①单击图层调板下方的【创建新图层】 ，创建"图层 2"。

②执行【选择】→【变换选区】命令，将选区缩小为原来的 75%，效果及属性栏设置如图 4.4.15 和图 4.4.16 所示。

图4.4.14　第一个圆填充渐变色后的效果

图4.4.15　选区变换得到第二个圆选区

图4.4.16　变换选区的属性栏设置

4）为第二个圆填充渐变

①设置前景色为前景色为白色（R=255，G=255，B=255），背景色为浅蓝色（R=150，G=200，B=230）。

图4.4.17 按钮的最终效果

②选择【渐变工具】，单击属性栏中的"渐变编辑器"，打开【渐变编辑器】对话框，在渐变"预设"中选择"前景色到背景色渐变"，然后单击【确定】按钮。

③返回属性栏，在"渐变类型"中选择"线性渐变"。

④将鼠标置于图像选区内的左上角处，然后按住鼠标左键并往右下角拖动，在选区的右下角边缘处释放鼠标，实现渐变色的填充，如图4.4.17所示。

⑤执行【选择】→【取消选择】命令取消选区（或按"Ctrl"+"D"快捷键）。

5）保存文件

执行【文件】→【存储为】命令保存文件。

5. 制作大雾效果

1）打开素材

执行【文件】→【打开】命令（或按"Ctrl"+"O"快捷键）打开"\素材\4.4"下的"风景.jpg"图像，如图4.4.18所示。

2）制作大雾

①单击图层调板下方的【创建新图层】 ，创建"图层1"。

②设置前景色、背景色均为白色（R=255，G=255，B=255）。

③选择【渐变工具】，单击属性栏中的"渐变编辑器"，打开【渐变编辑器】对话框，如图4.4.19所示，在渐变"预设"中选择"前景色到背景色渐变"，然后选择渐变色控制条右上的"不透明度色标"，并将其设置为"0"，即完全透明，设置完毕后，单击【确定】按钮。

图4.4.18 "风景.jpg"图像

图4.4.19 编辑渐变的不透明度

④返回属性栏,在"渐变类型"中选择"线性渐变",并勾选"透明区域"选项。

⑤将鼠标置于图像的上方,然后按住鼠标左键并自上而下拖动填充渐变色,效果如图 4.4.20 所示。

3)保存文件

执行【文件】→【存储为】命令保存文件。

6. 绘制彩虹

1)打开素材

执行【文件】→【打开】命令(或按"Ctrl"+"O"快捷键)打开"\ 素材 \4.4\"下的"彩虹背景 .jpg"图像。

2)绘制彩虹

①单击图层调板下方的【创建新图层】 ,创建"图层 1"。

图4.4.20　制作大雾的最终效果

②选择【渐变工具】,单击属性栏中的"渐变编辑器",打开【渐变编辑器】对话框,在渐变"预设"中选择"透明彩虹渐变",然后,在渐变色控制条中调整色标如图 4.4.21 所示,并单击【确定】按钮。

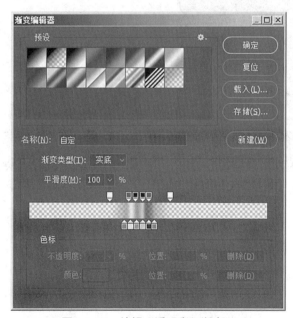

图4.4.21　编辑"透明彩虹渐变"

③返回属性栏,在"渐变类型"中选择"径向渐变",并勾选"透明区域"选项。

④将鼠标置于图像的中心偏下处,按住鼠标左键往下拖动填充渐变色,如图 4.4.22 所示。

⑤选择【橡皮擦工具】,并设置笔尖"大小"为"160 px","硬度"为"0",将绘制的彩虹

下半部分擦除, 如图 4.4.23 所示。

图4.4.22　应用彩虹渐变

图4.4.23　擦除多余的彩虹

⑥执行【编辑】→【自由变换】命令, 适当调整彩虹的大小及角度, 参考值如图 4.4.24 所示。在【图层】面板中, 将"图层 1"(彩虹图层)的"不透明度"调整为"12%", 如图 4.4.25 所示。

图4.4.24　【自由变换】属性栏设置的参考值

3) 保存文件

执行【文件】→【存储为】命令保存文件, 效果如图 4.4.26 所示。

图4.4.25　设置图层的不透明度

图4.4.26　绘制彩虹的最终效果

4.5　图像修饰工具组

知识要点

- 模糊工具的使用;
- 锐化工具的使用;
- 涂抹工具的使用;
- 减淡工具的使用;
- 加深工具的使用;
- 海绵工具的使用。

知识链接

1. 模糊工具的使用

模糊工具可以使图像的像素产生虚化，在数码相片的后期制作时，常用于制作景深效果。

单击工具箱中的【模糊工具】 按钮，其属性栏中各个选项如图4.5.1所示。

图4.5.1　【模糊工具】的属性栏

操作时，将鼠标置于图像中，按住鼠标左键并拖曳，即可达到模糊的效果。图4.5.2（a）为原图，图4.5.2（b）为模糊后的效果。

（a）　　　　　　　　　　　　　　（b）

图4.5.2　图像模糊前后比较

2. 锐化工具的使用

锐化工具可以快速聚焦模糊边缘，提高和改善图像边缘的清晰度。

单击工具箱中的【锐化工具】 按钮，其属性栏中各个选项如图4.5.3所示。

图4.5.3　【锐化工具】的属性栏

操作时，将鼠标置于图像中，按住鼠标左键并拖曳，即可达到锐化的效果。但要注意控制锐化的强度，避免图像出现杂点，过犹不及。图4.5.4（a）为原图，图4.5.4（b）为锐化后的效果。

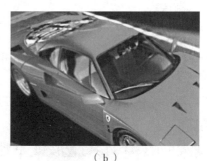

（a）　　　　　　　　　　　　　　（b）

图4.5.4　图像锐化前后比较

3. 涂抹工具的使用

涂抹工具能产生类似于使用刷子在颜料没有干的油画上涂抹的效果，该工具常用于修正物体的轮廓（图4.5.5（a）为原图，图4.5.5（b）为涂抹后的效果），制作火焰、发丝，加长眼睫毛等。

（a）   （b）

图4.5.5　图像涂抹前后效果

单击工具箱中的【涂抹工具】 按钮，其属性栏中各个选项如图4.5.6所示。

图4.5.6　【涂抹工具】的属性栏

操作时，将鼠标置于图像中，按住鼠标左键并拖动，可实现拉伸的效果。由于涂抹的起始点颜色会随着涂抹工具的滑动而延伸，因此，当起始点是透明像素时，涂抹相当于擦除，涂抹过的图像区域会被擦除，如图4.5.7所示。

图4.5.7　当起始点是透明像素时，涂抹相当于擦除

4. 减淡工具的使用

减淡工具能使涂抹过的图像区域的颜色变淡、变亮，常用于提亮照片。

1）相关属性

单击工具箱中的【减淡工具】 按钮，其属性栏中各个选项如图4.5.8所示。

图4.5.8　【减淡工具】的属性栏

【范围】：用于指定要减淡的色调范围。如果选择【阴影】，将提高图像暗部或阴影区域的亮度；如果选择【中间调】，将提高图像中间色调的亮度；如果选择【高光】，将提高图像高光区域的亮度。

【曝光度】：作用于图像的程度。

2）操作方法

将鼠标置于图像需要减淡的区域中，并按住鼠标左键拖动涂抹，即可实现提亮照片，如图 4.5.9 所示为在【范围】中选择【高光】选项进行涂抹的效果。

图4.5.9　图像减淡前后效果

5. 加深工具的使用

加深工具能使涂抹过的图像区域的颜色变深、变暗。

单击工具箱中的【加深工具】 按钮，其属性栏的选项与【减淡工具】完全相同，如图 4.5.10 所示。将鼠标置于图像需要加深的区域中，并按住鼠标左键拖动涂抹，可加深图像的颜色，使图像变暗，效果如图 4.5.11 所示。

图4.5.10　【加深工具】的属性栏

图4.5.11　图像加深前后效果

6. 海绵工具的使用

海绵工具可以提高或降低图像色彩的饱和度。

（注意：色彩饱和度即色彩的鲜艳程度。）

单击工具箱中的【海绵工具】 按钮，其属性栏中各个选项如图 4.5.12 所示。

图4.5.12　【海绵工具】的属性栏

【模式】：包括"加色"和"去色"两个模式。如果选择"加色"，表示提高图像的饱和度；如果选择"去色"，则刚好相反。操作时，将鼠标置于图像需要提高或降低色彩饱和度的区域中，按住鼠标左键拖动涂抹即可。

操作实践

1. 制作景深效果

1）打开素材

执行【文件】→【打开】命令，打开"\素材\4.5"下的"回眸.jpg"文件，如图4.5.13所示。

2）制作景深效果

选择【模糊工具】，选择合适的笔刷，并设置其"强度"大小，如图4.5.14所示，然后在人物背景上按住鼠标左键拖曳涂抹，完成后效果如图4.5.15所示。

图4.5.13 【模糊工具】属性栏设置的参考值

图4.5.14 打开"回眸.jpg"图像

图4.5.15 为图像制作的景深效果

3）保存文件

执行【文件】→【存储为】命令保存文件。

2. 让照片更清晰

1）打开素材

执行【文件】→【打开】命令，打开"\素材\4.5"下的"荷花.jpg"文件，如图4.5.16所示。

2）修饰图像

单击工具箱中的【锐化工具】，在其属性栏选择合适的笔刷，并设置其"强度"大小，然后在荷花上按住鼠标左键拖曳涂抹，使荷花变得更清晰、皎洁。完成后效果如图4.5.17所示。

3）保存文件

执行【文件】→【存储为】命令保存文件。

图4.5.16　打开"荷花.jpg"图像

图4.5.17　锐化图像后的效果

3. 画眉

1）打开素材

执行【文件】→【打开】命令，打开本章第一节修复的女孩照片，如图 4.5.18 所示。

2）绘制眉毛

①选择【吸管工具】，在人物眉头处取色。

②选择【画笔工具】，并设置画笔大小（笔刷大小以和眉毛粗细一致为宜）和硬度。【画笔工具】的属性设置如图 4.5.19 所示。

图4.5.18　要画眉的照片

图4.5.19　【画笔工具】的属性栏设置

③单击图层调板下方的【创建新图层】⬛，创建"图层 1"，使用【画笔工具】在人物眉头处绘制一圆点。

④选择【涂抹工具】，设置其笔刷大小比【画笔工具】的小 1 个像素，"强度"为默认值"50%"，具体设置如图 4.5.20 所示。然后以【画笔工具】绘制的小圆点为起点进行涂抹。

图4.5.20　【涂抹工具】的属性栏设置

图4.5.21　画眉后的效果图

⑤使用同样的方法绘制另一边的眉毛，最后的效果如图 4.5.21 所示。

3）保存文件

执行【文件】→【存储为】命令保存文件。

4. 提高照片的层次感

1）打开素材

执行【文件】→【打开】命令，打开"\ 素材 \4.5"下的"林间小路 .jpg"文件，如图 4.5.22 所示。

图4.5.22 打开"林间小路.jpg"图像

2）提高照片的层次感

①选择【减淡工具】，设置"范围"为"高光"，"曝光度"为"20%"，在图像中进行涂抹，效果如图4.5.23所示。

②选择【加深工具】，设置"范围"为"阴影"，"曝光度"为"20%"，在图像中进行涂抹，效果如图4.5.24所示。

图4.5.23 减淡图像的高光区域

图4.5.24 加深图像的暗部区域

3）保存文件

执行【文件】→【存储为】命令保存文件。

5. 局部提高照片色彩的饱和度

1）打开素材

执行【文件】→【打开】命令，打开"\素材\4.5"下的"明媚阳光.jpg"文件。

2）提高图像的色彩饱和度

①提高树木的色彩饱和度。选择【海绵工具】，属性栏设置"模式"为"加色"，"流量"为默认值"50%"，然后将鼠标置于图像的树木上进行涂抹。

②提高人像的色彩饱和度。修改【海绵工具】的参数，"流量"值大约为"30%"左右，然后将鼠标置于人像上进行涂抹。色彩饱和度提高前后效果如图4.5.25所示。

图4.5.25 图像提高色彩饱和度前后效果

3）保存文件

执行【文件】→【存储为】命令保存文件。

4.6 综合应用

操作实践：绘制苹果

1. 新建文件

执行菜单"文件"→"新建"（或按"Ctrl"+"N"快捷键），新建大小为 800 px×800 px，分辨率为 96 px/in 的文件。

2. 绘制背景

①设置前景色为（R=215, G=120, B=80），背景色为（R=20, G=200, B=190）。

②选择【渐变工具】，单击属性栏中的"渐变编辑器"，打开【渐变编辑器】对话框，在渐变"预设"中选择"前景色到背景色渐变"，然后，单击【确定】按钮确认，如图 4.6.1 所示。

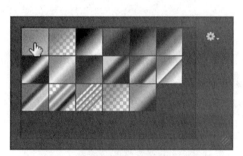

图4.6.1 选择"前景色到背景色渐变"

图4.6.2 制作渐变色背景

③返回属性栏，在"渐变类型"中选择"线性渐变"，然后在画布中自上而下拖动填充渐变色，效果如图 4.6.2 所示。

3. 绘制苹果

①点击图层调板下方的【创建新图层】 按钮，创建"图层 1"。

②选择【椭圆选框工具】，按住"Shift"键的同时，在画布上拖出一个正圆，如图 4.6.3 所示。

图4.6.3 绘制正圆

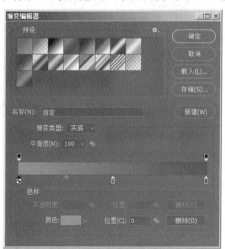

图4.6.4 设置渐变色的颜色

③选择【渐变工具】，单击属性栏中的"渐变编辑器"，打开【渐变编辑器】对话框，在 0%、50% 和 100% 的位置上分别设置颜色为（210,120,90）、（180,45,25）、（108,24,8），如图 4.6.4 所示。

④返回属性栏，在"渐变类型"中选择"径向渐变"，然后选区中如图 4.6.5 所示的位置上，自上而下拖动填充渐变色，效果如图 4.6.6 所示。

图4.6.5　填充渐变色时拖动的方向　　　　　　图4.6.6　填充渐变色后的效果

⑤选择【减淡工具】，并设置其属性：大小为190，范围为"中间调"，曝光度为"45%"。然后在绘制的苹果上涂抹，制作果皮中不均匀的色彩，如图 4.6.7 所示。

图4.6.7　使用【减淡工具】　　　　　　　　图4.6.8　添加斑点后的效果
　　　　减淡后的效果

⑥新建"图层 2"，设置前景色为淡黄色（250, 235, 190），并选择【画笔工具】，设置其大小 4，硬度为 0。在苹果上点出斑点，并使用【减淡工具】作适当的减淡处理，如图 4.6.8 所示。

⑦新建"图层 3"，设置前景色为黑色，并选择【画笔工具】，设置其大小"190"，硬度为"0"。在苹果的茎部区域上点一下，如图 4.6.9 所示。

⑧选择【椭圆选框工具】，在苹果的茎部绘制一椭圆选区，然后执行【选择】→【反选】命令，如图 4.6.10 所示。

⑨使用【减淡工具】对茎部选区的边缘作适当的减淡处理，并适当调整黑点所在的图层 3 的不透明度为 30%，效果如图 4.6.11 所示。

⑩取消选区后，继续使用【减淡工具】减淡茎部制作高光部分，效果如图 4.6.12 所示。

图4.6.9 使用【画笔工具】
添加黑点

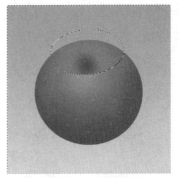

图4.6.10 反选后的区域

图4.6.11 使用【减淡工具】
作减淡处理

图4.6.12 继续使用【减淡工具】
制作高光效果

4. 绘制苹果的茎

①新建"图层4"，选择【多边形套索工具】，设置其羽化值为"0"，绘制如图 4.6.13 所示选区，并填充褐色（76, 38, 00），效果如图 2.6.13 所示。

②使用【减淡工具】对茎部作减淡处理，然后使用【椭圆选框工具】沿纹路框选茎部，反选后删掉多余部分，效果如图 4.6.14 所示。

图4.6.13 绘制茎部

图4.6.14 修饰茎部

5. 修饰苹果

①新建"图层5"，使用羽化值为"20"的【椭圆选框工具】绘制椭圆，并填充黄色（245, 165, 40），如图 4.6.15 所示。

②取消选区,选择【橡皮擦工具】。设置大小为"310",硬度为"0",不透明度为"30%",擦除多余区域,效果如图4.6.16所示。

图4.6.15   绘制柔边的黄色椭圆

图4.6.16   制作苹果的成熟区域

6. 绘制投影

①新建"图层6",将其调至图层1的下方。使用【椭圆选框工具】,并设置其羽化值为20,绘制黑色椭圆,效果如图4.6.17所示。

②使用硬度值为"0", 不透明度为"30%"的【橡皮擦工具】,轻擦投影区域,并适当降低该图层的不透明度(参考值为"30%")和调整其位置。

③适当调整黄色斑点所在"图层2"的不透明度为"30%"。完成效果如图4.6.18所示。

图4.6.17   绘制投影

图4.6.18   完成效果

7. 保存文件

执行【文件】→【存储为】命令保存文件。

第5章 | 矢量图形的绘制与编辑

随着 Photoshop 版本的不断升级,其处理矢量图形的功能也越来越强大,不仅可使用软件提供的矢量工具轻松绘制和编辑各种矢量图形,而且还可以和其他矢量绘图软件进行文件的导入和导出。本章中,我们将系统地学习路径工具及文字工具的使用。

5.1 路径工具使用

知识要点

- 路径的作用;
- 路径的组成;
- 路径的形态;
- 路径的创建;
- 标尺与参考线。

知识链接

1. 路径的作用

在 Photoshop 中,由于路径采用的是矢量数据方式,由路径绘制的图形,无论放大或缩小,都不会影响到图像的清晰度和分辨率,所以路径常用于标志、卡通画、插画的绘制。又由于路径的形态能自由变换,且修改方便,所以路径还常用于图像的精确选取。

2. 路径的组成

路径是由贝塞尔曲线构成的一段闭合或开放的曲线段。因此,路径可分为开放路径和封闭路径两种。但不管哪种路径,其主要组成部分都是相同的,都是由节点、方向线、方向点和线段组成,如图 5.1.1 所示。

3. 路径的形态

在 Photoshop 中,路径形态主要有两种,一是转角,二是平滑角,如图 5.1.2 所示,这两种形态主要通过【转换点工具】来转换。

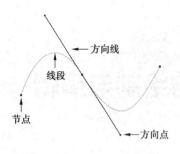

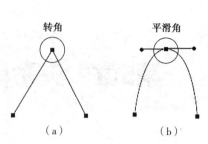

图5.1.1 路径形态示意图　　　　　图5.1.2 路径的两种形态

4. 路径的创建

在 Photoshop 的工具箱中，有一组专门用于绘制和编辑路径的工具组，这组工具主要包括【钢笔工具】【自由钢笔工具】【添加锚点工具】【删除锚点工具】【转换点工具】【路径选择工具】和【直接选择工具】，如图 5.1.3 所示。

图5.1.3 绘制和编辑路径的工具组

【钢笔工具】：最常用的路径创建工具。

【自由钢笔工具】：可创建随意的路径，绘制路径时将自动添加锚点，常用于绘制不规则的路径，其工作原理与磁性套索工具相同，它们的区别在于前者是建立选区，后者建立的是路径。

【添加锚点工具】：用于添加路径节点。

【删除锚点工具】：用于删除路径节点。

【转换点工具】：用于路径的平滑角和转角两种形态转换时的调节。

【路径选择工具】：用于选取整个路径。

【直接选择工具】：用于点选或框选路径锚点。

1）钢笔工具

创建路径主要是使用【钢笔工具】，【钢笔工具】的使用方法与【多边形套索工具】有点相似，每一次单击鼠标都会出现一个连接该点与上一单击点的路径线段。

（1）相关属性

单击工具箱中的【钢笔工具】按钮，其属性栏中各个选项如图 5.1.4 所示。

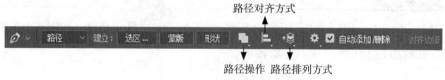

图5.1.4 【钢笔工具】的属性栏

路径 ：所绘制的路径以何种形式呈现。选择"形状"，创建的是矢量蒙版的图层；选择"路径"，绘制的是单纯的路径；"像素"选项，只有在选择了形状工具组中的工具（【矩形工具】【圆角矩形工具】【椭圆工具】【多边形工具】【自定形状工具】）时，该选项才有效，使用该选项绘制的图案是像素的、非矢量化的。

选区... ：单击该按钮可打开"建立选区"对话框，可将路径转换为选区。

蒙版 ：单击该按钮可将路径转换为蒙版。

形状 ：单击该按钮可将路径转换为形状图层。

【路径操作】：单击可展开路径运算的下拉列表，主要用于控制路径的组合方式，如图 5.1.5 所示。

选择【合并形状】选项，新创建的封闭路径与原封闭路径相加。

选择【从路径区域减去】选项，在原封闭路径中减去新创建的封闭路径。

选择【交叉路径区域】选项，新创建的封闭路径与原封闭路径相交。

选择【重叠路径区域除外】选项，新创建的封闭路径与原封闭路径相加后再减去重叠区域，剩下的为最终路径。

【路径对齐方式】：用于控制路径的对齐方式，如图 5.1.6 所示。

【路径排列方式】：调整形状的前后顺序，如图 5.1.7 所示。

【自动添加 / 删除】：勾选此选项，【钢笔工具】在绘制路径时具有添加和删除节点的功能，可以在绘制的过程中随意添加和删除路径上的节点。

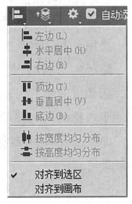

图5.1.5　【路径操作】下拉列表　　　　图5.1.6　【路径对齐方式】下拉列表　　　　图5.1.7　【路径排列方式】下拉列表

（2）操作方法

①绘制闭合路径。

操作时，单击图像，确定路径的第一个节点，然后移动鼠标，在合适的位置再次单击，确定第二个节点，第三个节点……当鼠标回到第一个节点处，变为 ♦ 时单击，将可生成一个闭合的路径，如图 5.1.8 所示。

②绘制不闭合路径。

如果要绘制不闭合路径,只需按"Ctrl"键的同时用鼠标单击空白处,即可结束路径的绘制,此外,还可以直接敲击"Esc"键结束。

2)添加锚点工具

选择【添加锚点工具】 ,将鼠标移至路径需要添加锚点处单击,即可添加锚点,如图 5.1.9 所示。此外,如果在【钢笔工具】的属性栏中勾选了"自动添加 / 删除"选项,绘制的过程中把鼠标移动到没有节点的路径上,显示为 +时,也可以添加锚点。

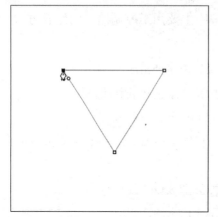

图5.1.8 绘制闭合路径 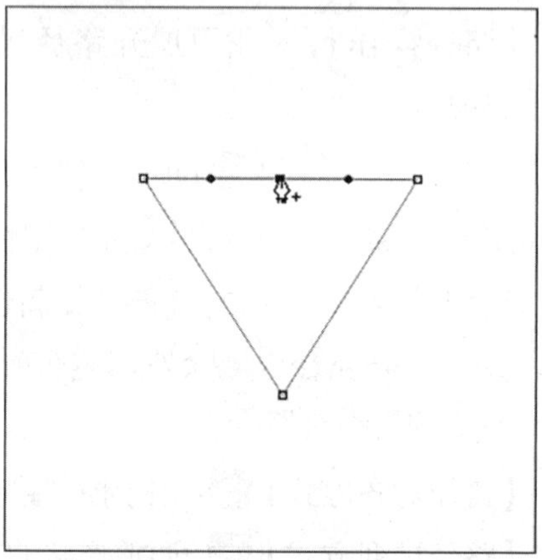   图5.1.9 添加锚点

3)转换点工具

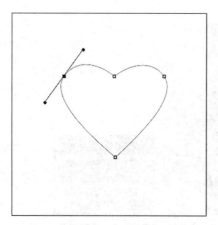

图5.1.10 使用【转换点工具】
拖出方向线

（1）转角变平滑角

如果当前路径为转角,要将转角变为平滑角,需要用到【转换点工具】 。使用【转换点工具】更改路径的形状时,把鼠标置于节点上,并按住左键拖出两条方向线,如图 5.1.10 所示,此时,两条方向线是处于对称的同时移动的状态,如果只想单独调整一条方向线,只需松开鼠标后,再重新拖动需要调整的方向线即可。

（2）平滑角变转角

要将平滑角变为转角,只需使用【转换点工具】在节点处单击,即可还原到初始的角点状态。

4)路径选择工具的使用

（1）相关属性

单击工具箱中的【路径选择工具】 按钮,其属性栏中各个选项如图 5.1.11 所示。

选择: 现用图层   填充: 描边: 1像素   W: 100 像素   H: 60 像素   ☑ 对齐边缘   □ 约束路径拖动

图5.1.11 【路径选择工具】的属性栏

【填充】：形状图层起作用，用于设置形状的填充颜色。

【描边】：形状图层起作用，用于设置形状的描边颜色。

（2）操作方法

要移动整个路径，要先使用【路径选择工具】选择整个路径，然后再拖动鼠标实现移动。如果在拖动的同时还按住"Alt"键，那将复制路径，如图 5.1.12 所示。

图5.1.12　复制路径

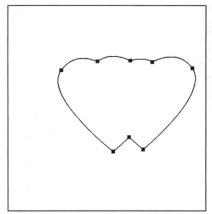

图5.1.13　组合路径

如果使用【路径选择工具】框选所有的路径，并依次选择属性栏【路径操作】下拉列表中的【合并形状】和【合并形状组件】选项，可以将两个路径以"加"的方式组合，如图 5.1.13 所示。

5）直接选择工具的使用

【直接选择工具】和【路径选择工具】相类似，按住"Alt"键的同时拖动路径也可以实现路径的复制，区别在于【直接选择工具】是可以选择一个锚点的，并且可以通过框选的方法选择多个，甚至整个路径锚点。

6）标尺与参考线

（1）标尺

在 Photoshop 中绘制图形时，为了使绘制更加准确，常常需借助标尺和参考线。标尺的显示可执行【视图】→【标尺】命令（或按"Ctrl"+"R"快捷键），如图 5.1.14 所示。如果要隐藏标尺，只需再次执行【视图】→【标尺】命令（或按"Ctrl"+"R"快捷键）即可。

默认状态下，标尺的刻度是以"厘米"为单位的，如果要采用其他的计量单位，可以执行【编辑】→【首选项】→【单位与标尺】命令，在弹出的对话框中设置标尺的计量单位，如图 5.1.15 所示。

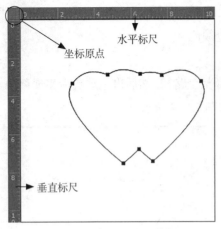

图5.1.14　添加的图像标尺

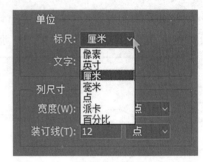

图5.1.15　设置参考线的计量单位

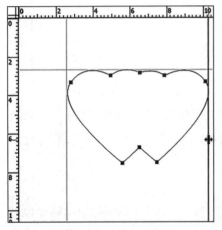

图5.1.16　添加参考线

（2）参考线

①添加参考线。

把鼠标置于水平标尺上，按住左键向下拖曳至合适的位置后释放鼠标，可以添加水平参考线；同样方法，把鼠标置于垂直标尺上，按住左键向右拖曳，可以添加垂直水平参考线，如图5.1.16所示。

②移动和删除参考线。

选择工具箱中的【移动工具】，将鼠标置于参考线上，当鼠标变为 ◆ 形状时，按住鼠标左键拖曳可移动参考线的位置，如果移动至画布外，将实现参考线的删除。

操作实践

绘制苹果路径

1）新建文件

执行【文件】→【新建】命令，在打开的【新建】对话框中，设置文件的大小为 600 px × 450 px。

2）添加参考线

①执行【视图】→【标尺】命令（或按 "Ctrl" + "R" 快捷键）显示标尺。

②把鼠标置于水平标尺上，并按住左键向下拖曳至合适的位置后释放鼠标，添加水平参考线，同样方法添加垂直参考线，如图 5.1.17 所示。

3）绘制苹果路径

选择【钢笔工具】，将鼠标置于画布上①处单击，确定路径的第一个节点，然后移动鼠标

在②处单击，确定第二个节点，如图5.1.17所示。继续确定其他的节点，当鼠标回到①处变为
🖋️时单击，生成一个闭合的路径，苹果节点添加完毕，继续添加⑦⑧⑨节点，绘制苹果茎。

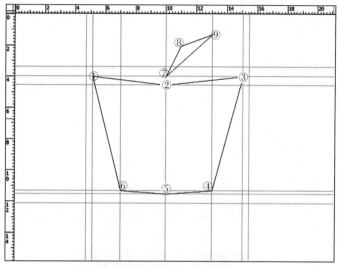

图5.1.17　绘制苹果路径

4）调整路径

①对于节点不对齐的情况，使用【直接选择工具】▶拖动调整。

②选择【转换点工具】◣，把鼠标置于①节点上，并按住左键拖出两条方向线，将转角
变为平滑角，注意控制好方向线的长短，及所绘制苹果的对称性。

③继续使用【转换点工具】◣，将②③④⑤⑥节点的转角变为平滑角。完成后的效果如
图5.1.18所示。

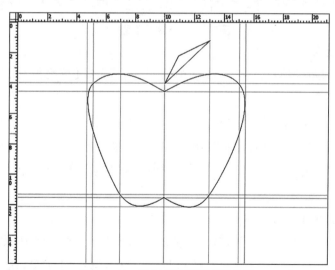

图5.1.18　绘制好的苹果路径效果

5）保存文件

执行【文件】→【存储为】命令保存文件。

5.2　路径面板

知识要点

- 填充路径命令；
- 描边路径命令；
- 存储路径；
- 路径与选区的转换。

知识链接

1. 认识路径面板

如果【路径】面板没有出现在当前窗口中，可执行【窗口】→【路径】命令显示【路径】面板，如图5.2.1所示。

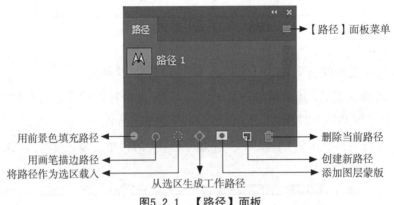

图5.2.1　【路径】面板

2. 填充路径命令

要给绘制好的路径填色，需要用到【填充路径】命令。【填充路径】命令的执行方法有三种。

1）使用【路径】面板菜单打开【填充路径】对话框

在面板栏中单击【路径】面板，将其切换为当前工作面板。然后，在面板的右上角单击菜单按钮展开菜单列表，如图5.2.2所示，在列表中选择【填充路径】命令将打开【填充路径】的对话框，如图5.2.3所示。

2）使用右键弹出菜单打开【填充路径】对话框

在面板中选择路径后，用鼠标右键单击弹出菜单，如图5.2.4所示，选择【填充路径】命令，也可打开【填充路径】对话框。【填充路径】对话框与【编辑】→【填充】命令类似，在这里不再重复。

图5.2.2 【路径】面板的菜单

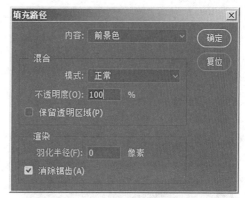

图5.2.3 【填充路径】对话框

图5.2.4 右键单击路径
弹出的菜单

图5.2.5 给心形路径填充前景色的效果

3）使用面板下方的【用前景色填充路径】⬤按钮

单击面板下方的【用前景色填充路径】⬤按钮将直接给路径填充前景色，如图 5.2.5 所示，给心形填充了前景色（红色）。

3. 描边路径命令

【描边路径】命令与【填充路径】类似，存在于【路径】面板菜单、右键单击路径弹出的菜单中，还存在于【路径】面板下方的按钮中。

【描边路径】命令需要和其他工具配合使用，在执行【描边路径】命令前，需设置好所需要描边的工具，最常见的描边工具是【画笔工具】。下面以描边前面绘制的心形路径为例，讲解【描边路径】命令的使用。

首先，设置好【画笔工具】的大小为"5 px"，硬度为"100%"，前景色为红色；然后执行【路径】→【描边路径】命令打开【描边路径】对话框，如图 5.2.6 所示，选择要描边的工具是【画笔】，并确认操作，描边后的效果如图 5.2.7 所示。

图5.2.6 【描边路径】对话框

图5.2.7 描边心形路径后的效果

4. 存储路径

要打开【存储路径】的对话框,可执行【路径】→【存储路径】命令,还可双击要存储的路径,如图 5.2.8 所示。

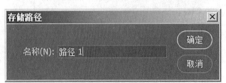

图5.2.8 【存储路径】对话框

5. 路径与选区的转换

1)路径转选区

使用路径工具能很方便地绘制出各种各样的矢量图形,但是却不方便上色,要填充多种颜色,还需转换为选区。

执行【路径】→【建立选区】命令,弹出【建立选区】对话框,如图 5.2.9 所示。

【渲染】:控制路径转换为选区后的羽化效果。

【操作】:路径转换为选区后,与原图像中存在的选区产生运算操作。

2)选区转路径

如果当前图像中存在选区,执行【路径】→【建立工作路径】命令,将弹出【建立工作路径】对话框,如图 5.2.10 所示。

图5.2.9 【建立选区】对话框

图5.2.10 【建立工作路径】对话框

【容差】：用于控制选区转路径时，路径的平滑程度。容差值越大，路径越平滑；容差值越小，与原选区越接近。

不管是路径转选区，还是选区转路径，除了可以在【路径】面板菜单中找到相关的命令外，还可以单击【路径】面板下方对应按钮执行相关操作。

操作实践

绘制摩托罗拉标志

1）新建文件

执行【文件】→【新建】命令，在打开的【新建】对话框中，新建大小为 500 px×500 px，分辨率为 72 px/in 的文件。

2）添加参考线

①执行【视图】→【标尺】命令（或按"Ctrl"+"R"快捷键）显示标尺。

②把鼠标置于水平标尺上，并按住左键向下拖曳至合适的位置后释放鼠标，添加水平参考线，同样方法添加垂直参考线。参考线的绘制如图 5.2.11 所示。

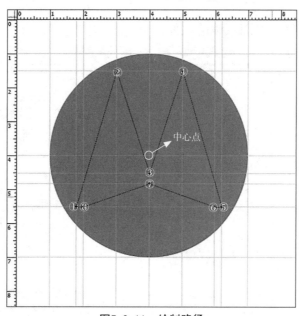

图5.2.11 绘制路径

3）绘制正圆

①单击图层调板下方的【创建新图层】 ，创建"图层 1"。

②选择【椭圆选框工具】，将鼠标置于画布的中心点，按"Alt"+"Shift"快捷键的同时按住鼠标左键并拖动，绘制一个以起点为中心点的圆形。

③设置工具箱中的前景色为红色（R=255，G=0，B=0），并执行【编辑】→【填充】命令填充前景色（或按"Alt"+"Delete"快捷键）。

4)绘制路径

选择【钢笔工具】，将鼠标置于画布上①处单击，确定路径的第一个节点，然后移动鼠标在②处单击，确定第二个节点，如此类推，继续确定其他的节点，当鼠标回到①处变为 ♦。时单击，生成一个闭合的路径，如图5.2.11所示。

5)调整路径

①对于节点不对齐的情况，使用【直接选择工具】▶拖动调整。

②选择【转换点工具】▶，把鼠标置于⑦节点上，并按住左键拖出两条方向线，然后释放鼠标，分别调整方向如图5.2.12所示（为了路径看得更清楚，图5.2.12是将红圆圈所在图层的不透明度降低的效果）。

6)填充路径

①单击图层调板下方的【创建新图层】▢，创建"图层2"。

②设置工具箱中的前景色为白色（R=255，G=255，B=255），单击面板下方的【用前景色填充路径】◉按钮给路径填充颜色。

③在【路径】面板中的空白处单击，隐藏路径，效果如图5.2.13所示。

7)保存文件

执行【文件】→【存储为】命令保存文件。

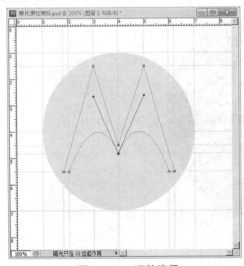

图5.2.12　调整路径

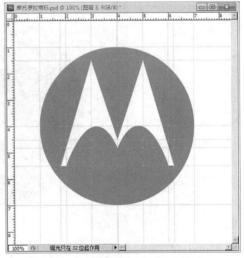

图5.2.13　标志绘制的最终效果图

5.3　形状工具

知识要点

• 形状工具的使用。

知识链接

形状工具

在 Photoshop 中, 除了可以使用【钢笔工具】绘制矢量图形外, 还提供了各种各样常用的矢量图形, 以方便用户。这些矢量图形存在于形状工具组中, 主要包括:【矩形工具】【圆角矩形工具】【椭圆工具】【多边形工具】【直线工具】和【自定形状工具】, 如图 5.3.1 所示。

图5.3.1 形状工具组

1)矩形工具

在矢量工具组中选择【矩形工具】, 其属性栏如图 5.3.2 至图 5.3.4 所示。

图5.3.2 选择【形状】选项的属性栏

图5.3.3 选择【路径】选项的属性栏

图5.3.4 选择【像素】选项的属性栏

【矩形工具】属性栏的选项与【钢笔工具】属性栏的选项相类似, 在此不再赘述。

2)圆角矩形工具

选择【圆角矩形工具】, 其【路径】选项下的属性栏如图 5.3.5 所示。

图5.3.5 【圆角矩形工具】的属性栏

【半径】: 用于设置圆角的半径, 值越大, 角越平滑, 越接近椭圆。

3)椭圆工具

【椭圆工具】其【路径】选项下的属性栏与【矩形工具】的一样。

4)多边形工具

选择【多边形工具】, 其【路径】选项下的属性栏如图 5.3.6 所示。

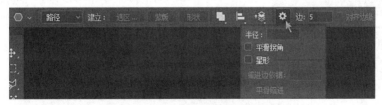

图5.3.6 【多边形工具】的属性栏

【半径】: 该选项用于控制多边形边缘和中心的距离。

【平滑拐角】: 勾选此选项, 所绘制多边形的角是平滑的。

【星形】: 勾选此选项, 可设置多边形边的缩进程度和平滑度。

【缩进边依据】: 设置边缩进的比例。

【平滑缩进】：勾选此项，可以设置缩进边形成的角是平滑角。

【边】：用于设置所绘制多边形的边数，其取值为 3 ~ 100。

5）直线工具

选择【直线工具】，其【路径】选项下的属性栏如图 5.3.7 所示。

图5.3.7　【直线工具】的属性栏

【起点】：勾选此选项，可以绘制起点带箭头的矢量线条。

【终点】：勾选此选项，可以绘制结束点带箭头的矢量线条。

【宽度】：设置箭头宽度与线条粗细的百分比。

【长度】：设置箭头长度与线条粗细的百分比。

【凹度】：设置箭头度凹陷程度与箭头长度的百分比。

【粗细】：设置线条的粗细程度。

6）自定形状工具

选择【自定形状工具】，其【路径】选项下的属性栏如图 5.3.8 所示。

形状选项面板
菜单按钮

图5.3.8　【自定形状工具】的属性栏

【形状】：选择需要使用的形状。

自定义
的形状

图5.3.9　自定义的形状

形状选项面板菜单按钮：单击该按钮，在弹出的下拉菜单中可以选择形状在面板中的显示方式，还可以载入系统自带的其他形状等。

选择【自定形状工具】除了可以使用系统自带的形状，还可自定义形状，如图 5.3.9 为执行【编辑】→【定义自定形状】命令将前面制作的心形自定义的形状。

操作实践

1. 绘制邮票齿边

1）新建文件

设置工具箱中的背景色为黑色。执行【文件】→【新建】命令，新建一个黑色背景，大小为 400 px×400 px，分辨率为 72 px/in 的文件。

2）制作齿状边

①绘制白色矩形。新建"图层 1"，选择【矩形工具】，在属性栏中选择"路径"选项，在画布中拖出一个矩形路径。设置前景色为白色（R=255，G=255，B=255），并单击【路径】调板下方的【用前景色填充路径】按钮，给矩形填充前景色，效果如图 5.3.10 所示。

②保存路径。执行【路径】→【存储路径】命令，将路径保存为"路径 1"备用，如图 5.3.11 所示。

图5.3.10　填充路径后的效果　　　　　　　　图5.3.11　保存路径

③设置画笔。选择【画笔工具】，单击其属性栏的【画笔面板】按钮，打开【画笔】调板。在【画笔笔尖形状】中选择"硬边圆"，"大小"为"15px"，"硬度"为"100%"，"间距"为"153%"，如图 5.3.12 所示。

④描边路径。新建"图层 2"，设置前景色为红色（R=255，G=0，B=0），单击【路径】调板下方的【用画笔描边路径】按钮，为矩形路径描边，效果如图 5.3.13 所示。

⑤创建齿状选区。选择【魔棒工具】，不勾选其属性栏的"连续"选项，点击选取所有的红圆圈，并单击"图层 2"左边的眼睛隐藏该图层。

⑥制作齿状效果。单击【路径】面板灰色空白区域隐藏当前工作路径；选择邮票背景所在的"图层 1"，按"Delete"键删除选区里的内容，然后取消选区，效果如图 5.3.14 所示。

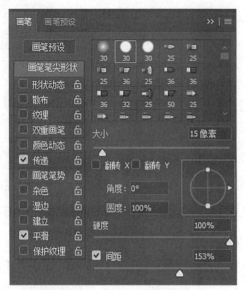

图5.3.12 【画笔笔尖形状】设置

图5.3.13 使用画笔描边后的效果

图5.3.14 制作邮票的齿状效果

你知道吗？

①为什么要新建图层再描边呢？这是因为如果直接在邮票的白色背景上描边，使用【魔棒工具】选取后，按删除键很难清除干净，常带有色边，而描边的内容和要删除的内容不在同一图层，就能避免这种情况出现。

②要选取图层的内容，还有更快捷的方法。那就是按 Ctrl 键的同时，用鼠标单击图层的缩略图，可得到以图层的内容为选区的选区。

3）绘制浅蓝色矩形

①设置颜色并新建"图层 3"。设置前景色为淡蓝色（R=200，G=250，B=250），并单击图层调板下方的 🔲 创建"图层 3"。

② 等比例缩小路径。单击选择【路径】面板下的"路径 1"，执行【编辑】→【自由变换路径】命令（或按"Ctrl"+"T"快捷键），将路径缩小至原来的 85%。

③填充路径。单击【路径】调板下方的【用前景色填充路径】按钮，给路径填充前景色，效果如图 5.3.15 所示。

④设置【铅笔工具】及前景色。选择【铅笔工具】，并设置其"大小"为"1 px"，"硬度"为"100%"，如图5.3.16所示；设置前景色为紫色（R=220, G=140, B=220）。

⑤描边路径。新建"图层4"，右键单击【路径】面板中的"路径1"，在弹出的菜单中选择【描边路径】命令，然后在弹出的【描边路径】对话框中再选择"铅笔"工具，为邮票描边线框。最后，单击【路径】面板的空白区域隐藏路径。效果如图5.3.17所示。

图5.3.15　用前景色填充路径

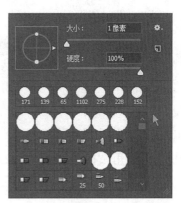

图5.3.16　【铅笔工具】选项设置

4）移入素材及文字

①执行【文件】→【打开】命令（或按"Ctrl"+"O"快捷键）打开"\素材\5.3"下的"老虎.jpg"和"文字.psd"。

②使用【魔棒工具】选取老虎，并使用【移动工具】将老虎移入"5-3邮票"文件中，执行【编辑】→【自由变换】命令（或按"Ctrl"+"T"快捷键）调整老虎的大小至合适为止。

③使用【移动工具】将文字移入"5-3邮票"文件中，并适当调整其位置。最后的效果如图5.3.18所示。

图5.3.17　描边线框后的效果

图5.3.18　邮票的最终效果

5）保存文件

使用【文件】→【存储为】命令保存文件。

2. 绘制花瓣

1）新建文件

执行【文件】→【新建】命令（或按"Ctrl"+"N"快捷键），新建一个黑色背景，大小为 400 px×400 px，分辨率为 72 px/in，背景颜色为白色的文件。

2）绘制花瓣路径

①在工具箱中选择【多边形工具】，设置"边"数为"5"，并在"多边形选项"中勾选"星形"，设置"缩进边依据"为"80%"。参数设置如图 5.3.19、图 5.3.20 所示。

图5.3.19　【多边形工具】属性栏

②在画布中拖出形状，并使用【添加锚点工具】为路径的弧边添加锚点，如图 5.3.21 所示。

③在工具箱中选择【转换点工具】，将内围弧上的锚点转成"转角"，将外围的描点转成"平滑角"，效果如图 5.3.22 所示。

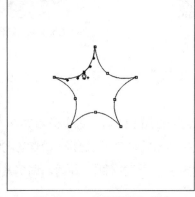

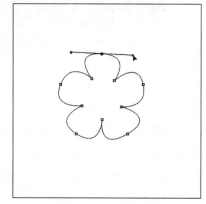

图5.3.20　【多边形　　　图5.3.21　为路径添加锚点　　　图5.3.22　转换角点
工具】选项框

④用鼠标双击【路径】面板中的"工作路径"，弹出【存储路径】对话框，将路径存储为"路径 1"，如图 5.3.23 所示。

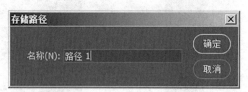

图5.3.23　【存储路径】对话框

3）填充花瓣颜色

①将路径转选区。在【路径】面板中，选择"路径 1"，然后单击【路径】面板下方的"将路径作为选区载入"，将路径转为选区，如图 5.3.24 所示。

②单击【图层】调板下方的【创建新图层】 ⬜，新建"图层 1"。

③设置颜色。将工具箱中的前景色设为紫色（R=240，G=30，B=170），背景色设为淡紫

色（R=250，G=230，B=240）。

④设置渐变工具选项。选择【渐变工具】，打开属性栏中的【渐变编辑器】，在【渐变编辑器】的"预设"选项中，选择"前景色到背景色的渐变"。然后返回属性栏中选择"径向渐变"。

⑤在画布的选区中拖动，填充渐变颜色，效果如图 5.3.25 所示。

图5.3.24　将路径转换为选区

图5.3.25　填充渐变色后的效果

4）绘制花蕊

①设置画笔。选择【画笔工具】，单击属性栏的【画笔调板】 按钮打开【画笔调板】，在【画笔笔尖形状】中选择"柔边圆"，"大小"为"5 px"；在【形状动态】中将"最小直径"的"控制"设置为"渐隐"，步长为"50"，如图 5.3.26 所示。

②绘制花蕊。单击【图层】调板下方的【创建新图层】 按钮，新建"图层 2"。使用画笔在花瓣的中心绘制花蕊，调整图层不透明度为"50%"后，效果如图 5.3.27 所示。

图5.3.27　花瓣的最终效果

图5.3.26　【形状动态】选项中的参数设置

5）保存文件

执行【文件】→【存储为】命令保存文件。

5.4 文字工具

知识要点

- 添加新字体；
- 文字工具；
- 文字输入。

知识链接

1. 添加新字体

对于从事设计行业的 Photoshop 用户来说，使用 Windows 系统自带的几种字体远远不能满足设计的需要，还需安装和添加更多的字体。目前，很多用户都是从网上下载字体的，常见字体格式有 *.ttf 和 *.fon 格式。下载好的字体常用的安装方法有两种：

方法 1，将所下载的字体复制至 "C:\Windows\Fonts" 下即可完成字体的安装。

方法 2，使用鼠标双击打开下载的字体，如图 5.4.1 为打开的 "方正静蕾简体"，单击字体窗口中的 "安装" 按钮进行安装。安装完成后，该按钮呈不可用状态，表示安装完成，如图 5.4.2 所示。

图5.4.1 打开的字体窗口　　　　　　图5.4.2 完成安装的字体窗口

2. 文字工具组

Photoshop 的工具箱中有一组专门用来输入文字的工具，它们是【横排文字工具】【直排文字工具】【横排文字蒙版工具】和【直排文字蒙版工具】。

【横排文字工具】 T：可以沿着水平方向输入文字。

【直排文字工具】 IT：可以沿着垂直方向输入文字。

【直排文字蒙版工具】 ：可以沿着垂直方向输入文字并最终生成文字选区。

【横排文字蒙版工具】：可以沿着水平方向输入文字并最终生成文字选区。

虽然,以上几个文字工具功能各异,但是除了最终的输出不一样(文字蒙版工具最终生成的是文字选区)外,它们的属性及相关操作都是一样的,所以下面主要以【横排文字工具】为例进行学习。

1)相关属性

单击工具箱中的【横排文字工具】按钮,其属性栏中各个选项如图5.4.3所示。

图5.4.3 文字工具的属性栏

：单击该按钮可以使文字的方向在【横排】和【竖排】之间切换。

【字体】：可在下拉列表中选择需要的字体。

【字型】：字体的类型号。

【字体大小】：可在下拉列表中选择字体大小,也可直接输入。

【消除锯齿的方式】：选择文字边缘的平滑程度,在下拉列表中有四个选项:"锐利""犀利""浑厚""平滑"。

【对齐方式】：针对段落文本的对齐方式,包括"左对齐""中部对齐""右对齐"三个选项。

【文字颜色】：默认情况下,该颜色与工具箱中的前景色一致。可单击██更改文字的颜色。

：文字变形按钮。

：单击该按钮可打开【字符】面板和【段落】面板。

2)【字符】面板

单击文字工具属性栏中的按钮,打开【字符】面板,【字符】面板选项说明如图5.4.4所示。

要应用【字符】面板的特性,大部分的特性都需先选取文字,再进行设置。要选取部分文字,在当前光标存在的状态下,按住鼠标拖曳即可;如果要全选,按"Ctrl"+"A"快捷键更快捷。

3)【变形文字】对话框

单击文字工具属性栏中的按钮打开【变形文字】对话框,【变形文字】对话框如图5.4.5所示。

【样式】：用于选择不同样式的变形效果。

【弯曲】：所选文字的弯曲程度,数值越大,弯曲度越大。

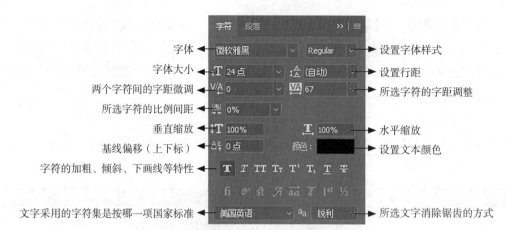

字体 → 微软雅黑 ← 设置字体样式
字体大小 → 24点 ← 设置行距
两个字符间的字距微调 → 0 ← 所选字符的字距调整
所选字符的比例间距 → 0%
垂直缩放 → 100% ← 水平缩放
基线偏移（上下标） → 0点 ← 设置文本颜色
字符的加粗、倾斜、下画线等特性 →
文字采用的字符集是按哪一项国家标准 → 美国英语 ← 所选文字消除锯齿的方式

图5.4.4 【字符】面板选项

图5.4.5 【变形文字】选项的对话框

【水平扭曲】：所选文字在水平方向的扭曲程度。

【垂直扭曲】：所选文字在垂直方向的扭曲程度。

文字的变形操作是有限制的，对于"仿粗体"文字是不能执行操作的，若要执行，必须在【字符】面板中取消 **T** "仿粗体"状态。

3. 文字输入

1）点输入法

当要输入的是一个词语或一行文字时，一般使用点输入法。点输入法的操作是；将鼠标置于图像中单击，当出现一个闪动的光标时输入文字，如图 5.4.6 所示。与此同时，在【图层】面板中将自动新建一个文字图层，如图 5.4.7 所示。

当我们所输入的不是一行文字，而是多行文字时，可不可以使用点输入法呢？答案是肯定的，但是需要手动换行——按"Enter"键换行。如果在输入的过程中出现错误，则可按"Delete"键进行删除操作。

2）框选输入法

框选输入法常应用于段落文字的输入。操作时，在图像中按住鼠标拖曳出文本框，再输入文字。当输入的文字到文本框的右边框时，系统会自动切换到下一行，如图 5.4.8 所示。

图5.4.6 点输入法输入文字

图5.4.7 系统自动新建的文字图层

图5.4.8 框选输入法输入文字

框选输入法与点输入法的最大区别在于，框选输入的文字是以用户设置的区域为基准换行，而点输入法输入的文字是以用户按"Enter"键为准换行的。

3）沿路径输入文字

要控制文字在一个区域中输入，除了使用文本框外，还可以使用路径来控制。如图 5.4.9 所示，将鼠标置于路径区域中，当鼠标变成 形状时单击，就可以输入文字，并将输入文字限制在路径区域内了。

此外，将鼠标置于路径上，当鼠标变成 形状时单击，还可沿路径输入文字。这时，路径控制着文字的走向，当路径形态改变，文字的走向也将改变，如图 5.4.10 所示。

图5.4.9 在路径内输入文字

图5.4.10 沿路径输入文字

操作实践

1. 诗词赏析

1）添加字体

双击打开新下载的"方正毡笔黑简 .ttf"字体，如图 5.4.11 所示，然后在打开的字体窗口中单击"安装"按钮，便可添加该字体。

图5.4.11　添加字体

2）输入诗词的标题

①打开素材。执行【文件】→【打开】命令，打开"\ 素材 \5.4"下的"烟雨江南 .jpg"文件，如图 5.4.12 所示。

②设置文字工具栏的属性。选择【直排文字工具】，在属性栏中设置"字体"为"微软雅黑"，"大小"为"24 点"，"颜色"为"墨绿色（R=5，G=25，B=5）"；并在【字符】面板中单击选择"仿斜体 T"。

③输入诗词标题文字。将鼠标置于图像中单击，当出现一个闪动的光标时，输入文字"《青玉案》"，效果如图 5.4 .13 所示。

图5.4.12 "烟雨江南. jpg" 图像文件

图5.4.13　输入诗词标题

3）输入作者名字

①修改文字工具的属性栏。继续选择【直排文字工具】，在属性栏中更改字体的"大小"为"16 点"，其他属性保留不变。

②输入作者名字。将鼠标置于图像中单击，并输入文字"．贺铸"。

③修改"．"的字符属性。由于当前的间隔符"．"太小，不清晰，所以需单独调整其大小。将光标置于间隔符后面，并按住鼠标往前拖动选取间隔符，然后在【字符】面板中修改其"大小"及"基线偏移"，如图5.4.14所示。

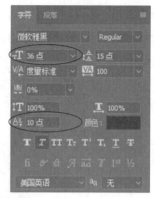

图5.4.14 修改"．"字符的字符属性

4）输入诗词

①修改文字工具栏的属性。继续选择【直排文字工具】，并在【字符】面板中进行如图5.4.15的设置，颜色保留不变。

②输入诗词。将鼠标置于图像中单击，并输入诗词，参考效果如图5.4.16所示。

图5.4.15 输入诗词时的
【字符】面板设置

图5.4.16 完成诗词输入后的参考效果

5）保存文件

执行【文件】→【存储为】命令保存文件。

2. 绘制印章

1）新建文件

执行【文件】→【新建】命令，在打开的【新建】对话框中，设置文件的大小为500 px×400 px，分辨率为72 px/in，白色背景。

2）绘制外圆

①绘制圆形路径。选择【椭圆工具】，在属性栏中选择"路径"选项，然后将鼠标置于画布上，按"Shift"键的同时拖动鼠标，绘制正圆路径，如图 5.4.17 所示。最后，双击【路径】面板中"工作路径"，将其保存为"路径 1"。

②设置画笔。选择【画笔工具】，在属性栏中选择"硬边圆"，并设置其"大小"为"8 px"。

③设置颜色。单击工具箱中的前景色，将其设置为红色（R=220, G=0, B=0）。

④描边路径。单击图层面板下方的 █ 按钮，新建"图层 1"。然后，执行【路径】→【描边路径】命令，用设置好的画笔工具描边，效果如图 5.4.18 所示。

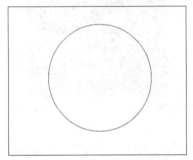

图5.4.17 绘制正圆路径

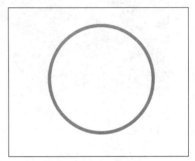

图5.4.18 描边路径

3）输入文字

①缩放路径。执行【编辑】→【自由变换路径】命令（或按"Ctrl"+"T"快捷键），将路径缩小为原来的"60%"。

②设置字体属性。选择【横排文字工具】，并设置"字体"为"宋体"，"大小"为"42 点"，"仿粗体"。

③沿路径输入文字。将鼠标置于路径上，当鼠标变成 ↨ 形状时单击，输入文字"湛江四叶草广告公司"，效果如图 5.4.19 所示。

4）绘制五角星

①设置多边形工具的属性。选择【多边形工具】，在属性栏 ⚙ 的下拉列表中，勾选"星形"选项，设置缩进边依据为"50%"，如图 5.4.20 所示，并在属性栏中选择"像素"选项。

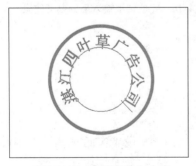

图5.4.19 沿路径输入文字

图5.4.20 【多边形选项】参数设置

②绘制五角星。新建"图层 2"，在印章的中心拖出一个五角星。

③调整位置。选择【移动工具】，按"Ctrl"键的同时单击选择印章外圆和五角星所在的"图层 1"和"图层 2"，然后单击属性栏中的【垂直居中对齐】 ![]按钮，以及【水平居中对齐】 ![]按钮，将五角星的位置调整至印章的中心。完成后的效果如图 5.4.21 所示。

5）保存文件

执行【文件】→【存储为】命令保存文件。

图5.4.21　印章的最终效果图

5.5　综合应用

操作实践

制作音乐广告

1）打开素材

执行【文件】→【打开】命令，打开"\ 素材 \ 第 5 章"下的"女孩 . jpg"图像文件。如图 5.5.1 所示。

2）模糊人物边缘

①设置【橡皮擦工具】的属性。单击【橡皮擦工具】，选择"柔边圆"，并设置其"大小"为"250 px"。

②设置背景色。将工具箱中的背景色设置为白色。

③将鼠标置于画面上单击并涂抹，涂过的区域将全部填充了白色，如图 5.5.2 所示。

图5.5.1　"女孩 . jpg"图像文件

图5.5.2　使用【橡皮擦工具】擦除边缘

3）绘制点状圆圈

①绘制路径。选择【椭圆工具】，在属性栏中选择"路径"选项，然后将鼠标置于画布上，按"Shift"键的同时拖动鼠标，绘制正圆路径，绘制完后，双击【路径】面板中的"工作路径"，将其保存为"路径1"。

②设置画笔。选择【画笔工具】，打开【画笔】面板，在【画笔笔尖形状】选项中选择"硬边圆"，"大小"设置为"40 px"，"间距"设置为"135 px"。【画笔】面板设置如图5.5.3所示。

③描边路径。单击图层面板下方的 按钮，新建"图层1"。然后，执行【路径】→【描边路径】命令，用设置好的画笔工具描边，效果如图5.5.4所示。

④取消路径的选择。在【画笔】面板下空白的区域单击，即可取消路径的选择。

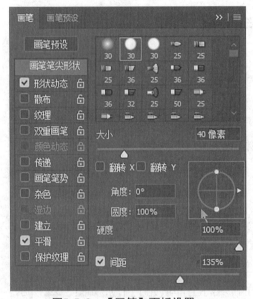

图5.5.3　【画笔】面板设置

图5.5.4　使用画笔描边

4）更改点状圆的颜色

①载入选区。按"Ctrl"键的同时，用鼠标单击"图层1"的缩览图，将图层的内容作为选区载入。

②设置渐变颜色。将工具箱中的前景色设为蓝色（R=120，G=220，B=250），背景设为白色（R=255，G=255，B=255），然后选择【渐变工具】，在【渐变编辑器】的"预设"中选取"前景色到背景色渐变"，并在返回的属性栏中选择"线性渐变"类型。

③填充渐变。把鼠标置于点状圆选区上并拖动，将点状圆选区的颜色更改为蓝白渐变，如图5.5.5所示。

④取消选区。按"Ctrl"+"D"快捷键，快速取消选区。

5）制作更多点状圆，并调整其形状、位置等

①复制点状圆图层。将"图层1"拖至图层面板下方的【创建新图层】的按钮上，然后释放

鼠标，对"图层1"进行复制，生成新图层"图层1拷贝"。同样方法继续复制"图层1"，创建"图层1拷贝2"，图层如图5.5.6所示。

图5.5.5　使用【渐变工具】
填充点状圆选区

图5.5.6　复制图层后的
【图层】面板

　　②调整第一个点状圆。使用【移动工具】选择"图层1"，并将其内容移至合适位置后，使用【橡皮擦工具】擦除遮住女孩的区域，如图5.5.7所示。

　　③调整第二个点状圆。使用【移动工具】选择"图层1拷贝"，将其内容移至合适位置后，按"Ctrl"+"T"快捷键将其旋转"60°"，同时执行【变换】→【扭曲】命令，将其扭曲至图5.5.8所示，最后使用【橡皮擦工具】擦除遮住女孩的区域。

图5.5.7　调整第一个点状圆后
的效果

图5.5.8　调整第二个点状圆

　　④调整第三个点状圆。用【移动工具】选择"图层1拷贝2"，将其内容移到画面的右下角，按"Ctrl"+"T"快捷键将其旋转"–135°"，同时执行【变换】→【扭曲】命令，将其扭曲至图5.5.9所示，最后使用【橡皮擦工具】擦除遮住女孩的区域。

6）输入文字

①设置【文字工具】的属性。选择【横排文字工具】，打开【字符】面板，在字符中面板中设置字体、大小、字符间距等选项，如图 5.5.10 所示，并设置字体颜色为蓝色（R=60，G=170，B=200）。

②输入文字。将鼠标置于要添加文字的区域单击，输入文字"LIGHT"和"MUSIC"。

③旋转文字。按"Ctrl"+"T"快捷键，将"LIGHT"和"MUSIC"均旋转"-15"度，并适当调整其位置，完成后效果如图 5.5.11 所示。

 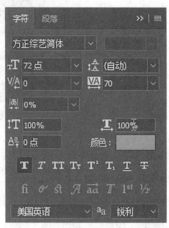 

图5.5.9　调整第三个点状圆　　　图5.5.10　【字符】面板的设置　　　图5.5.11　完成后的效果图

7）保存文件

执行【文件】→【存储为】命令保存文件。

第6章 图层的编辑与应用

图层是 Photoshop 最重要的组成部分，在 Photoshop 中，几乎所有的应用都是基于图层的。所以，从我们学习 Photoshop 开始到本章，一直都没有离开过图层，如图层的新建、删除等基本操作。在本章中，我们将深入地了解图层的知识及其一些高级的应用。

6.1 图层的编辑

知识要点

- 认识图层；
- 图层面板及图层分类；
- 图层类型的转换；
- 图层的基本操作。

知识链接

1. 认识图层

对于图层，我们可以将其理解成含有文字、图形等元素的胶片或玻璃纸，它们一张张按顺序叠放在一起，组合形成了完整的图像效果，而且不管要修改哪一层的内容，都不会影响到其他层。通过图层绘制的作品，极大地方便了后期的修改操作。

2. 图层面板与菜单

【图层】面板是处理图像时必不可少的工具，它和【图层】菜单中的许多功能都是相通的，通过【图层】面板的按钮可以实现的功能，通过执行【图层】菜单中的相关命令也可以实现。

1)【图层】面板

执行【窗口】→【图层】命令或按"F7"键，显示【图层】面板，图 6.1.1 为图像文件，图 6.1.2 为其所对应的图层面板。

图6.1.1 打开的"幸运四叶草.psd"文件

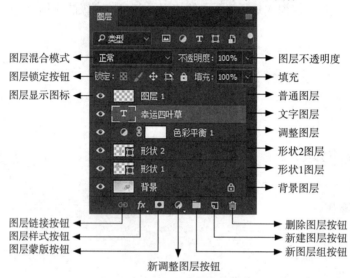

图6.1.2 【图层】面板

按钮：用于链接所选择的图层。链接后的图层可以同时进行移动、变换等操作。

按钮：用于添加图层样式。单击该按钮，可以为当前图层添加所需要的图层样式。

按钮：用于添加图层蒙版。

按钮：用于创建新的调整图层或新的填充图层。单击该按钮，可以选择新调节或新填充的选项。

按钮：用于创建新的图层组。图层组主要用于管理图层，类似于 Windows 系统中的文件夹。

按钮：新建图层按钮，用于创建新图层；当拖动某一图层至该按钮上再释放，则可实现图层的复制。

按钮：删除图层按钮。选择要删除的图层，并将其拖至该按钮上，可以实现图层的删除操作。

按钮：锁定图层的透明像素区域。锁定后透明区域不能被编辑。

按钮：锁定图层不透明区域的编辑操作。

⊕按钮：锁定图层的移动操作。

▯按钮：防止在画板内外自动嵌套。

🔒按钮：锁定图层的所有编辑操作。选择该选项，图层属性如同背景图层的属性。

👁按钮：图层显示按钮。单击该按钮，可以隐藏图层中的图像，再次单击可恢复显示。

2) 图层类型

从如图 6.1.2 所示的【图层】面板中，可以看出图层主要有以下几种类型：背景图层、形状图层、调整和填充图层、文字图层、普通图层。

背景图层：背景图层位于【图层】面板的最下方，它是不可移动，不可设置图层样式的。

形状图层：形状图层是由矢量绘图工具创建的，创建时要在其属性栏中选择"形状"选项。

调整和填充图层：调整图层用于调整图像整体的色彩，填充图层则是使用颜色或图案填充图层。无论是调整图层还是填充图层，作用的都是下方的图层。又由于调整图层和填充图层独立于图像图层，所以如果对调整或填充的效果不满意，只需修改调整图层或填充图层即可。

文字图层：文字图层是使用文字工具在图像中输入文字后，自动生成的图层，它具有矢量图形的特点，可以通过文字工具对其进行再编辑。

普通图层：普通图层是通过【图层】面板下方的 ▣ 按钮或执行【图层】→【新建】→【图层】命令创建的图层，也是最常见的图层类型。

3. 图层类型的转换

不同的图层类型，能使用的工具可能不尽相同，如文字图层、形状图层所受限制较大，画笔工具没法在这两种图层中使用，这时可能需要对图层类型进行转换。

1) 背景图层转为普通图层

执行【图层】→【新建】→【图层背景】命令，或直接双击背景图层，都将弹出【新建图层】对话框，如图 6.1.3 所示。

图6.1.3 【新建图层】对话框

【名称】：输入转换后的图层名称，默认为"图层 0"。

【颜色】：用于设置图层的颜色标记，单击右侧的黑色小三角按钮，可以展开颜色的下拉列表。

【模式】：用于设置转换后的图层合成模式。

【不透明度】：用于设置转换后的图层不透明度。

一幅图像中最多只能有一个或者没有背景图层。如果当前图像没有背景图层，要将普通图层转换为背景图层，只能执行【图层】→【新建】→【图层背景】命令。

2）文字图层转为普通图层

将文字图层转为普通图层有两种方法：

方法1：执行【图层】→【栅格化】→【文字】菜单命令。

方法2：使用鼠标在文字图层上右击，在弹出的快捷菜单中选择【栅格化文字】命令。

3）形状图层转为普通图层

将形状图层转换为普通图层同样也有两种方法：

方法1：执行【图层】→【栅格化】→【形状】菜单命令。

方法2：使用鼠标在文字图层上右击，在弹出的快捷菜单中选择【栅格化图层】命令。

在Photoshop中，除了背景图层与普通图层的转换是可逆的，其他图层转换为普通图层后，都不可再从普通图层转回原来的图层。此外，调整和填充图层是不能与普通图层进行转换的，但可以随时改变其调整或填充的状态。

图6.1.4 修改图层名称

4. 图层基本操作

1）复制图层

使用鼠标拖动需要复制的图层至【图层】面板下方的 按钮上，松开鼠标后在【图层】面板中将自动创建一个图层的副本。

2）更改图层名字

使用鼠标双击图层的名字，如图6.1.4所示，当光标在闪动时，可输入新的图层名称。要注意的是鼠标双击的位置是图层名称，而不是其他空白区域，否则将打开的是【图层样式】对话框。

操作实践

合成宣传画

1）打开素材

执行【文件】→【打开】命令（或按"Ctrl"+"O"快捷键）打开"\ 素材 \6.1"下的"卡通风景 . jpg""朵拉 . jpg"和"花 . jpg"文件，如图6.1.5所示。

2）在"卡通风景"中添加人物素材

①切换工作窗口。单击"朵拉 . jpg"文件窗口，将其切换为当前工作窗口。

②设置【魔棒工具】。选择【魔棒工具】，在属性栏中选择"添加到选区"选项，并设"容差"为"30"，勾选"连续"选项，如图6.1.6所示。

③选择人物。将鼠标移至画布中，连续选取白色区域，直至所有的白色区域都选取完毕，

然后执行【选择】→【反向】命令（或按 "Shift" + "Ctrl" + "I" 快捷键），反选选区后得到人物选区，如图 6.1.7 所示。

图6.1.5　打开的 "卡通风景.jpg" "朵拉.jpg" 和 "花.jpg" 文件

图6.1.6　【魔棒工具】属性栏

图6.1.7　创建人物选区　　　　　　　　　图6.1.8　添加人物后的效果

④添加素材。选择【移动工具】，利用其移动功能，将人物朵拉移至 "卡通风景" 中。

⑤调整人物大小。执行【编辑】→【自由变换】命令（或按 "Ctrl" + "T" 快捷键），将人物拉大至原来的 "150%"，效果如图 6.1.8 所示。

3）在 "卡通风景" 中添加花朵素材

单击 "花朵" 文件窗口，将其切换为当前工作窗口。采用同样方法选取花朵，并将其移至 "卡通风景" 中，效果如图 6.1.9 所示。

4）添加文字 "爱探险"

①设置文字工具的属性。选择【横排文字工具】，在【字符】面板中选择 "方正静蕾简体" 字体，设 "大小" 为 "160 点"，选择 "仿粗体"，并设置颜色为粉色（R=255，G=100，B=160），设置如图 6.1.10 所示。

②添加文字。使用鼠标在画布中单击，键入文字 "爱探险"，【图层】面板中将自动创建一个文字图层。

图6.1.9　添加花朵后的效果

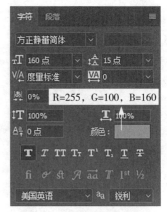

图6.1.10　【字符】面板
参数设置

③栅格化文字。使用鼠标在"爱探险"文字图层上右击,在弹出的快捷菜单中选择【栅格化文字】命令。

④描边文字。按"Ctrl"键的同时,使用鼠标单击文字所在图层的缩略图,载入选区,然后,执行【编辑】→【描边】命令,设置描边的参数如图6.1.11所示,给文字添加描边效果,效果如图6.1.12所示。

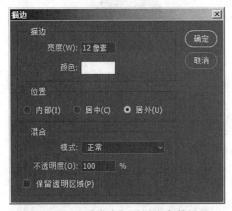

图6.1.11　【描边】对话框参数设置

图6.1.12　添加"爱探险"文字后的效果

5)添加形状及"的"字

①绘制形状。创建新图层,单击【自定形状工具】,在属性栏选择"像素"选项,在形状中选择"箭头9"。设置完毕后,在画布中绘制如图6.1.13所示箭头。

②更改形状颜色。载入形状选区;设置前景色为蓝色(R=30,G=140,B=230),背景色为比前景色略深一点的蓝色(R=20,G=120,B=210);然后选择【渐变工具】,在【渐变编辑器】中选择"前景色到背景色渐变",在属性栏中选择"线性渐变"类型;在选区中拖出如图6.1.14所示渐变效果。

③变形形状。执行【编辑】→【自由变换】命令(或按"Ctrl"+"T"快捷键),在属性栏中进行如图6.1.15所示设置,对形状进行旋转及斜切。

图6.1.13　绘制图形

图6.1.14　更改图形颜色

图6.1.15　【自由变换】命令的属性栏

④描边形状。执行【编辑】→【描边】命令,设置描边的参数如图 6.1.16 所示,给形状添加描边效果,效果如图 6.1.17 所示。

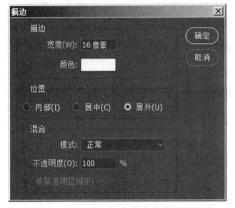

图6.1.16　【描边】对话框参数设置

图6.1.17　添加图形后的效果

⑤添加"的"字。选择【横排文字工具】,在【字符】面板中选择"方正粗倩简体"字体,设"大小"为"85 点",选择"仿粗体",设置颜色为白色(R=255,G=255,B=255),在画布中键入"的"字,并按"Ctrl"+"T"快捷键,将其旋转 –10°,完成效果如图 6.1.18 所示。

图6.1.18　添加"的"字

6)添加文字"朵拉"

①设置文字工具的属性。选择【横排文字工具】,在【字符】面板中选择"方正少儿简体"

字体,设"大小"为"190点",选择"仿粗体",并设置颜色为红色（其他颜色也可,仅仅是因为背景的颜色太浅,为了看得清晰,更改了一下颜色）,设置及效果如图6.1.19和图6.1.20所示。

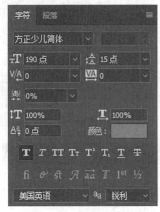

图6.1.19　【字符】面板　　　　　　　　　　图6.1.20　添加文字"朵拉"的效果
　　　　　参数设置

②添加文字。使用鼠标在画布中单击,键入文字"朵拉"后确认操作。

③栅格化文字。使用鼠标在"朵拉"文字图层上右击,在弹出的快捷菜单中选择【栅格化文字】命令。

④为"朵"字的上部分创建选区。按"Ctrl"键的同时,使用鼠标单击"朵拉"文字所在图层的缩略图,载入选区;接着,使用【多边形套索工具】,选择"从选区减去"选项,减去部分选区,选区如图6.1.21所示。

⑤为"朵"字的上部分更改颜色。设置工具箱中的前景色为紫色（R=120, G=70, B=140）,背景色为粉色（R=230, G=160, B=220）。然后选择【渐变工具】,在【渐变编辑器】中选择"前景色到背景色渐变",在属性栏中选择"线性渐变"类型;在选区中由下往上拖出如图6.1.22所示渐变效果。

图6.1.21　创建选区　　　　　　　　　　　　图6.1.22　为选区添加渐变效果

⑥同样的方法,继续修改文字"朵拉"的颜色。更改颜色后的效果如图6.1.23所示。

⑦描边文字。按"Ctrl"键的同时,使用鼠标单击文字所在图层的缩略图,载入选区,然后,执行【编辑】→【描边】命令,设置描边的"宽度"为"12 px","颜色"为"白色","位置"为"居外",给文字添加描边效果。

R=230, G=160, B=220
R=120, G=70, B=140
R=30, G=150, B=220
R=5, G=90, B=170

R=250, G=190, B=140
R=200, G=220, B=30
R=240, G=90, B=20
R=10, G=130, B=40

图6.1.23　更改文字颜色后的效果

⑧旋转"拉"字。载入文字选区后，使用【多边形套索工具】减去"朵"字选区，得到"拉"字选区。然后按"Ctrl"+"T"快捷键，将选择的文字旋转6度。完成的最终效果如图6.1.24所示。

图6.1.24　宣传画的最终效果

7）保存文件

执行【文件】→【存储为】命令保存文件。

6.2　图层混合模式

知识要点

- 图层混合模式。

知识链接

图层混合模式

在 Photoshop 中，当不同的图层叠加在一起时，除了设置图层的不透明度以外，图层的混合模式也将影响到两个图层叠加后产生的效果。在打开图层混合模式的列表中，如图 6.2.1所示，可以发现在许多对话框中，如"填充""描边"对话框中都涉及到该选项，事实上，它们

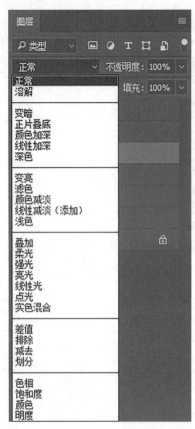

图6.2.1　混合模式列表

基本上也是一样的。但有一点要注意的是，不同色彩模式下的文件，可用的图层混合模式选项是不一样的，如，LAB颜色模式下的图层混合选项列表中，"变暗""颜色加深"等选项是不可用的。

【正常】：默认模式。不和其他图层发生任何混合。

【溶解】：将混合色图层的图像以散乱的点状形式叠加到基色图层的图像上，对图像的色彩不产生影响，与图像的不透明度有关。

【变暗】：考察每一个通道的颜色信息以及相混合的像素颜色，选择较暗的作为混合的结果。颜色较亮的像素会被颜色较暗的像素替换，而较暗的像素就不会发生变化。

【正片叠底】：将上下两层图层像素颜色的灰度级进行乘法计算，获得灰度级更低的颜色而成为合成后的颜色，即混合产生的颜色总是比原来的要暗。所以，如果和黑颜色发生正片叠底，产生的只有黑颜色。如果与白颜色混合，将没有效果。

【颜色加深】：使下层的颜色变暗，类似于正片叠底，但不同的是，它会根据叠加的像素颜色相应增加下层的对比度。如果与白色混合，将没有效果。

【线性加深】：和颜色加深模式一样，线性加深模式通过降低亮度，让底色变暗以反映混合色彩。如果与白色混合，将没有效果。

【深色】：通过计算混合色与基色的所有通道的数值，然后选择数值较小的作为结果色。因此结果色只跟混合色或基色相同，不产生另外的颜色。白色与基色混合色得到基色，黑色与基色混合得到黑色。在深色模式中，混合色与基色的数值是固定的，颠倒位置后，混合色出来的结果色是没有变化的。

【变亮】：和变暗模式相反，比较相互混合的像素亮度，选择混合颜色中较亮的像素保留起来，而其他较暗的像素则被替代。

【滤色】：它与正片叠底模式相反，将上下两层图层像素颜色的灰度级进行乘法计算，获得灰度级更高的颜色而成为合成后的颜色，图层合成后的效果是高灰阶的像素显现而低灰阶不显现，即合成后的图像更加明亮。

【颜色减淡】：与颜色加深刚好相反，通过降低对比度，加亮底层颜色来反映混合色彩。如果与黑色混合，将没有任何效果。

【线性减淡】：类似于颜色减淡模式。但是通过增加亮度来使得底层颜色变亮，以此获得混合色彩。如果与黑色混合，将没有任何效果。

【浅色】：通过计算混合色与基色所有通道的数值总和，哪个数值大就选为结果色。因此结果色只能在混合色与基色中选择，不会产生第三种颜色。与深色模式刚好相反。

【叠加】：根据基色图层的色彩来决定混合色图层的像素是进行正片叠底还是滤色，一般来说，发生变化的都是中间色调，高光区和暗调区基本保持不变，亮度细节会被保留。

【柔光】：变暗还是提亮画面颜色，取决于上层颜色信息。产生的效果类似于为图像打上一盏散射的聚光灯。如果上层颜色（光源）亮度高于50%灰，底层会被照亮（变淡）。如果上层颜色（光源）亮度低于50%灰，底层会变暗，就好像被烧焦了似的。如果直接使用黑色或白色去进行混合的话，能产生明显的变暗或者提亮效应，但是不会让覆盖区域产生纯黑或者纯白。

【强光】：正片叠底还是滤色混合底层颜色，取决于上层颜色。如果上层颜色（光源）亮度高于50%灰，图像就会被照亮，这时混合方式类似于滤色。反之，如果亮度低于50%灰，图像就会变暗，这时混合方式就类似于正片叠底。该模式能为图像添加阴影。如果用纯黑或者纯白来进行混合，得到的也将是纯黑或者纯白。

【亮光】：调整对比度以加深或减淡颜色，取决于上层图像的颜色分布。如果上层颜色（光源）亮度高于50%灰，图像将被降低对比度并且变亮；如果上层颜色（光源）亮度低于50%灰，图像会被提高对比度并且变暗。

【线性光】：通过减少或增加亮度，来使颜色加深或减淡。具体取决于上层颜色的数值。如果上层颜色（光源）亮度高于中性灰（50%灰），则用增加亮度的方法来使得画面变亮，反之用降低亮度的方法来使画面变暗。

【点光】：根据上层颜色的数值替换相应的颜色。如果上层颜色（光源）亮度高于50%灰，比上层颜色暗的像素将会被取代，而较之亮的像素则不发生变化。如果上层颜色（光源）亮度低于50%灰，比上层颜色亮的像素会被取代，而较之暗的像素则不发生变化。

【实色混合】：把上层颜色中的红、绿、蓝通道数值，添加到底层颜色的RGB值中。结果色的R、G、B通道的数值只能是255或0。因此结果色只有8种可能：红、绿、蓝、青、洋红、黄、白、黑。由此可以看出结果色是非常纯的颜色。

【差值】：要混合图层双方的RGB值中每个值分别进行比较，用高值减去低值作为合成后的颜色。所以这种模式也常使用，白色与任何颜色混合得到反相色，黑色与任何颜色混合颜色不变。

【减去】：查看各通道的颜色信息，并从底层颜色中减去上层颜色。如果出现负数就归为零。与底层颜色相同的颜色混合得到黑色，白色与底层颜色混合得到黑色，黑色与底层颜色混合得到底层颜色。

【划分】：查看每个通道的颜色信息，并用底层颜色分割上层颜色。底层颜色数值大于或等于上层颜色数值，混合出的颜色为白色。底层颜色数值小于上层颜色，结果色比底层颜色更暗。因此结果色对比非常强。白色与底层颜色混合得到底层颜色，黑色与底层颜色混合得到白色。

【色相】：合成时，用上层颜色的色相值去替换底层颜色的色相值，而饱和度与亮度不变。

【饱和度】：用上层颜色的饱和度去替换底层颜色的饱和度，而色相值与亮度不变。因此上层颜色只改变图片的鲜艳度，不影响颜色。

【颜色】：用上层颜色的色相值与饱和度替换底层颜色的色相值和饱和度，而亮度保持不变。这种模式下上层颜色控制整个画面的颜色，是黑白图片上色的绝佳模式，因为这种模式下会保留底层图片也就是黑白图片的明度。

【明度】：用当前图层的亮度值去替换下层图像的亮度值，而色相值与饱和度不变。决定生成颜色的参数包括：基层颜色的色调与饱和度，混合层颜色的明度。跟颜色模式刚好相反，因此上层图片只能影响图片的明暗度，不能对底层图片的颜色产生影响，黑、白、灰除外。

操作实践

天女散花

1）打开素材

执行【文件】→【打开】命令，打开"\素材\第6章"下的"健美.jpg"和"纹理.jpg"文件，如图6.2.2所示。

图6.2.2　打开的"健美.jpg"和"纹理.jpg"文件

2）制作背景

①设置渐变色。设置工具箱中的前景色为黄褐色（R=80，G=80，B=50），背景色为深褐色（R=25，G=20，B=20）；然后选择【渐变工具】，在【渐变编辑器】的"预设"中选取"前景色到背景色渐变"，并在返回的属性栏中选择"径向渐变"类型。

②填充渐变色。激活"纹理.jpg"图像文件，并新建"图层1"，在画布上由中心往外拖出渐变，效果如图6.2.3所示。

③设置图层混合模式。在【图层】面板的"图层混合模式"中选取"强光"选项,效果如图 6.2.4 所示。

图6.2.3 填充渐变

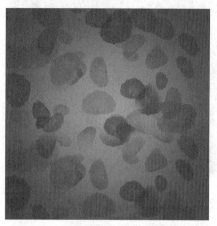

图6.2.4 设置图层的混合模式后的效果

3)添加人物

①设置【魔棒工具】属性。单击激活"健美.jpg"图像文件,选择【魔棒工具】,设置"容差"值为"10",并勾选"连续"选项。

②选取人像。在图像的白色区域单击,选取除了人像外的白色区域,然后执行【选择】→【反向】命令,反向选区,选取人物。

③添加人像。使用【移动工具】的移动功能,将人像移至"纹理.jpg"中,并缩小至原来的"60%",【图层】面板中自动创建了"图层 2",效果如图 6.2.5 所示。

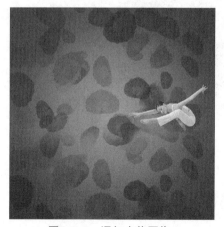

图6.2.5 添加人物图像

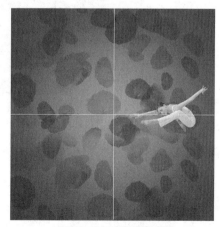

图6.2.6 绘制参考线

④绘制参考线。按"Ctrl"+"R"快捷键打开标尺,然后使用【移动工具】添加如图 6.2.6 所示参考线,以方便确定中心点。

⑤复制并旋转人物。使用鼠标拖动人物所在的"图层 2"至 🔲 按钮,复制"图层 2";然后,按"Ctrl"+"T"快捷键进行自由变换,将旋转中心点置于参考线的中心处,如图 6.2.7 所示,并设置旋转的角度为"45 度",旋转图像,效果如图 6.2.8 所示。

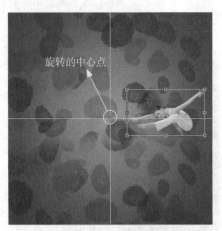

图6.2.7　旋转图像

图6.2.8　旋转图像后的效果

⑥继续添加人物。按"Ctrl"+"Shift"+"Alt"+"T"快捷键,实现对人物的再次复制和旋转操作,完成的效果如图 6.2.9 所示。

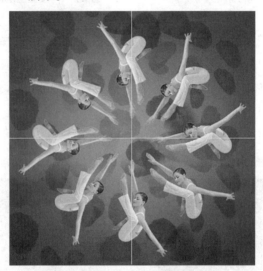

图6.2.9　天女散花的最终效果图

4)保存文件

执行【文件】→【存储为】命令保存文件。

6.3　图层样式

知识要点

- 图层投影样式;
- 图层内阴影样式;
- 图层外发光样式;
- 图层内发光样式;

● 图层斜面和浮雕样式；

● 图层样式的复制与清除。

知识链接

1. 图层样式

图层样式是 Photoshop 中的一项重要图层处理功能，它能够简单快捷地制作出各种立体投影效果、浮雕效果，以及各种材质的光感效果，具有与滤镜相媲美的魅力。下面我们将一起学习图层样式的使用方法。

2. 添加样式的方法

方法 1：执行【图层】→【图层样式】命令，在展开的右拉菜单中选择相应的选项。

方法 2：单击【图层】面板，在弹出菜单中选择"混合选项"，也可打开【图层样式】对话框。

方法 3：右击要添加图层样式的图层，在弹出的右拉菜单中选择"混合选项"

方法 4：在【图层】面板中双击要添加图层样式的图层，将打开【图层样式】对话框。

方法 5：单击【图层】面板下方的 fx 按钮，在弹出的上拉菜单中选择样式选项。

3. 投影样式

在【图层】面板中双击要添加图层样式的图层，在打开的【图层样式】对话框中单击"投影"选项，其对话框中的各项参数如图 6.3.1 所示。

【混合模式】：用于设置投影的混合效果。

【不透明度】：用于控制投影的不透明度。

【角度】：用于设置投影光源的方向，该选项与当前文件中的其他样式是一致的，以确保对象光线角度的一致性。

【距离】：用于控制投影偏离对象的距离。

【扩展】：用于控制投影的粗细。

【大小】：用于控制投影边缘的模糊程度。

【等高线】：该选项存在于各图层样式中，其作用是加强投影的立体效果。

【杂色】：用于设置投影的颗粒化效果。类似于"溶解"混合模式。

【图层挖空投影】：主要用于当前图层是否能穿透投影，显示下一图层，该选项只有降低图层的填充不透明度时才有效。

如图 6.3.2 所示为文字添加的投影效果。

图6.3.1 【投影】选项对话框

图6.3.2 投影效果

4. 内阴影样式

【内阴影】与【投影】相类似,不同点在于【投影】是在图像外部添加投影效果,而【内阴影】是在图像内部添加投影效果,两种样式的参数选项也类似。

5. 外发光样式

在【图层样式】对话框中勾选【外发光】选项,其对话框中的各项参数如图6.3.3所示。

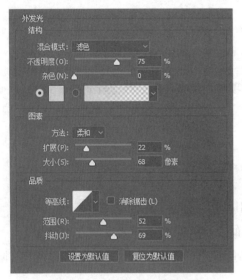

图6.3.3 【外发光】选项对话框

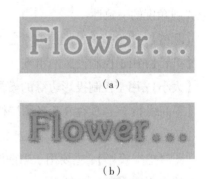

(a)

(b)

图6.3.4 发光颜色分别为单色、
渐变色的效果

外发光的颜色:单击▢颜色块,可以打开【拾色器】对话框设置单色发光的颜色;如果单击 ▭▾ 渐变颜色条,则可打开【渐变编辑器】,设置发光的渐变色。

【方法】:该列表中包含"柔和"和"精确"两个选项。"柔和"选项表示创建柔和的发光边缘;"精确"选项表示创建精确贴近对象的发光边缘。

【范围】:用于确定等高线作用范围。

【抖动】：相当于对渐变色添加了杂色，发光色为渐变时，该选项才有效果。

【外发光】对话框中的其他选项与【投影】同，在此不再赘述。

图 6.3.4（a）、（b）分别为发光颜色是单色、渐变色的效果。

6. 内发光样式

在【图层样式】对话框中勾选【内发光】选项，其对话框中的各项参数如图 6.3.5 所示。

【源】：指定发光的位置，包括"居中"和"边缘"两个选项。"居中"选项表示以图像中心点为基准向四周发光；"边缘"选项表示以图像边缘为基准向内发光。

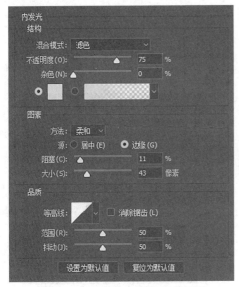

图6.3.5　【内发光】选项对话框

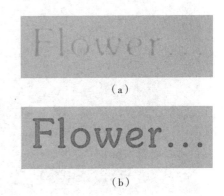

图6.3.6　发光颜色分别为单色、
渐变色的效果

【阻塞】：用于控制光线的粗细。

图 6.3.6（a）、（b）分别为发光颜色是单色、渐变色的效果。

7. 斜面和浮雕样式

在【图层】面板中双击要添加图层样式的图层，在打开的【图层样式】对话框中勾选【斜面和浮雕】选项，其对话框中的各项参数如图 6.3.7 所示。

【样式】：用于设置斜面和浮雕的类型，包括"外斜面""内斜面""浮雕效果""枕状浮雕""描边浮雕"5 种类型。

【方法】：用于设置斜面和浮雕的方法，包括"平滑""雕刻清晰"和"雕刻柔和"3 个选项。

【深度】：用于设置雕刻的深度。

【方向】：用于设置斜面方向，包括"上""下"两个选项。

【大小】：用于设置斜面的大小。

【软化】：用于设置浮雕边缘的平滑程度。

【角度】：用于设置斜面和浮雕的光线方向。

【高度】：用于设置光源的高度。

【光泽等高线】：用于控制物体的明暗与光泽。

【高光模式】：用于控制浮雕效果高光部分的混合模式和颜色。

【阴影模式】：用于控制浮雕效果暗部的混合模式和颜色。

【不透明度】：分别用于控制浮雕效果高光部分和暗部的不透明度。

如图6.3.8所示为执行图6.3.7设置后的浮雕效果。

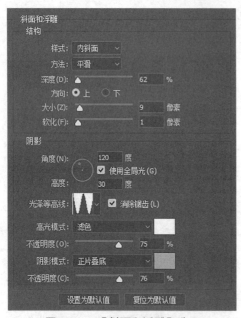

图6.3.7 【斜面和浮雕】选项

图6.3.8 添加斜面和浮雕后的图像效果

在【斜面和浮雕】对话框中单击【等高线】复选框，【等高线】对话框中的各项参数如图6.3.9所示。

图6.3.9 【等高线】选项

【等高线】：等高线的形状决定了对象的立体结构，所表现的就是对象截面顶部的边缘线。

【范围】：控制等高线影响的范围。

图6.3.10为添加了图6.3.9所设置的等高线后的效果。

单击勾选【斜面和浮雕】对话框左侧的【纹理】复选框，【纹理】对话框中的各项参数如图6.3.11所示。

【图案】：用于设置对象的纹理图案。

【缩放】：用于控制所选图案的缩放比例。

【深度】：用于控制图案的浮雕深度。

【贴紧原点】：将原点对齐图层的左上角。

如图 6.3.12 为添加了图 6.3.11 所设置的纹理后的效果。

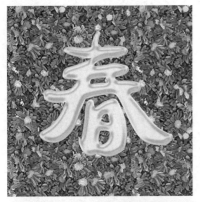

图6.3.10 添加等高线后的图像效果

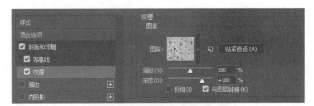

图6.3.11 【纹理】选项

图6.3.12 添加纹理后的图像效果

图6.3.13 添加的图层样式

8. 图层样式的复制与清除

添加图层样式后，在图层后面会带有一个 fx 图标，单击其右侧的 ∧ 小箭头，将会展开该图层曾经添加过的图层样式列表。如果图层样式前有 ◉ 图标，说明这是当前图层应用的图层样式，如图 6.3.13 所示。

可以在任意的图层中（除背景图层外）应用图层样式，也可以将这些图层样式复制并粘贴到其他图层中进行应用，而不需要重新设置。还可以随时清除图层样式，或将这些图层样式转换为普通图层。

1）图层样式的复制与粘贴

①使用鼠标右击已添加了样式的图层，在弹出的快捷菜单中选择【拷贝图层样式】命令，将实现样式的复制。

②使用鼠标右击需要添加样式的图层，在弹出的快捷菜单中选择【粘贴图层样式】命令，将实现样式的粘贴。

通过复制样式, 不仅使图层应用相同的样式效果, 还大大省去了重新设置的麻烦。

2) 图层样式的清除

对于不需要再应用的样式效果, 除了可以在【图层样式】对话框, 不再勾选对应的样式, 还可以通过【清除图层样式】命令彻底清除它。

要清除图层样式, 首先在【图层】面板中选择该层, 然后在该层上单击鼠标右键, 在弹出的快捷菜单中选择【清除图层样式】命令即可。

操作实践

1. 按钮制作

1) 新建文件

执行【文件】→【新建】命令(或按 "Ctrl" + "N" 快捷键), 新建大小为 300 px×300 px, 分辨率为 72 px/in 的文件。

2) 绘制按钮底色

①绘制圆形。新建图层 1, 使用【椭圆工具】, 设置其属性栏如图 6.3.14 所示, 在画布上绘制正圆选区, 并填充青色(R=40, G=190, B=220), 效果如图 6.3.15 所示。

图6.3.14 【椭圆工具】属性栏

图6.3.15 绘制的圆形效果

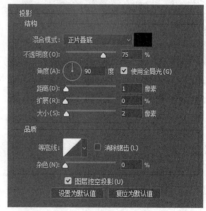

图6.3.16 【投影】选项参数设置

②在【图层】面板中双击 "图层 1", 在打开的【图层样式】对话框中设置【投影】选项及【内发光】选项的参数如图 6.3.16、图 6.3.17 所示, 效果如图 6.3.18 所示。

3) 绘制按钮上部分的反光点

新建 "图层 2", 利用【椭圆选框工具】在圆形上方绘制椭圆, 并添加由白色到透明色的线性渐变, 效果如图 6.3.19 所示。

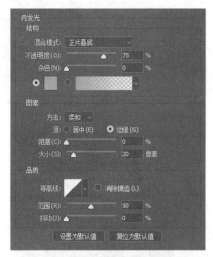

图6.3.17 【内发光】选项参数设置

图6.3.18 添加样式后的效果

图6.3.19 绘制按钮上部分的
反光点效果

图6.3.20 绘制月牙形选区

4）绘制按钮下部分的反光点

①绘制月牙形选区。按"Ctrl"键的同时，单击"图层1"的缩览图载入圆形选区；然后执行【选择】→【变换选区】命令，将选区缩放至原来的"90%"；再使用【矩形选框工具】在其属性栏中选择"从选区减去"选项，然后在画布中拖动减去圆的上部分选区，得到月牙形选区，如图 6.3.20 所示。

②添加渐变。新建"图层3"，使用【渐变工具】添加由白色到透明色的线性渐变，效果如图 6.3.21 所示。

5）绘制按钮中部的暗调

①设置画笔属性。单击【画笔工具】，选择"柔边圆"笔刷，大小为"80 px"，硬度为"0"。

②绘制暗调。新建"图层4"，设置前景色为黑色，在按钮的中下部区域点一黑点，如图 6.3. 22 所示。

③设置图层选项。设置图层4的"混合模式"为"叠加"，"不透明度"为"65%"，效果如图 6.3.23 所示。

图6.3.21 绘制反光点后的效果

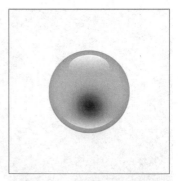

图6.3.22 画笔绘制的黑点

图6.3.23 绘制暗调后的效果

图6.3.24 【横排文字工具】
的属性设置

图6.3.25 按钮最终效果图

6）输入文字

①设置文字工具属性。单击【横排文字工具】，在属性栏选择"Courier New"字体，大小为"30点"，颜色为"（10，80，140）"，如图 6.3.24 所示。

②输入文字。将光标置于画布上，键入文字"WELCOME"，并适当调整其位置，完成的最终效果如图 6.3.25 所示。

7）保存文件

执行【文件】→【存储为】命令保存文件。

2. 制作拼图效果

1）定义图案

①新建文件。按"Ctrl"+"N"快捷键，新建一个大小为 100 px×100 px，分辨率为 72 px/in，背景内容为"透明"的文件。

②绘制黑色选框图案。单击【矩形选框工具】，设置其"样式"的"宽度"和"高度"均为"50 px"，在画布的左上角和右下角绘制选区，填充黑色后，按"Ctrl"+"D"快捷键取

消选区，如图 6.3.26、图 6.3.27 所示。

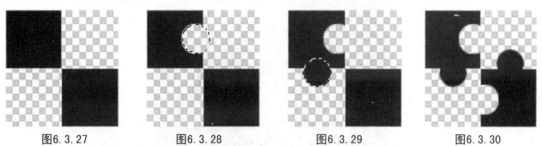

图6.3.26 【矩形选框工具】属性设置

③修饰图案。单击【椭圆选框工具】，设置其"样式"的"宽度"和"高度"均为"25 px"，在画布中绘制选区，并删除选区里的内容，得到如图 6.3.28 所示的效果。然后，移动选框，并使用黑色填充选区，效果如图 6.3.29 所示。使用同样方法，继续修饰图案，直至得到如图 6.3.30 所示的效果。

| 图6.3.27 | 图6.3.28 | 图6.3.29 | 图6.3.30 |

④定义图案。按"Ctrl"+"D"快捷键取消选区。执行【编辑】→【定义图案】命令定义名称为"拼图图案"的图案，如图 6.3.31 所示。

图6.3.31 【定义图案】对话框

2）填充图案

①打开文件。按"Ctrl"+"O"快捷键打开"\ 素材 \ 第 6 章"下的"风景 .jpg"图像文件。

②填充图案。新建"图层 1"，执行【编辑】→【填充】命令，打开对话框，如图 6.3.32 所示，在对话框中选择定义好的"拼图图案"，填充后的效果如图 6.3.33 所示。

图6.3.32 【填充】对话框的设置

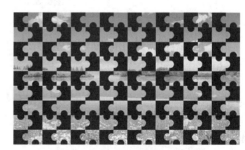

图6.3.33 填充图案后的效果

3）设置图层样式

①调整填充状态。单击【图层】面板，将"图层 1"的"填充"调整为"0%"。

②设置【斜面和浮雕】。在【图层】面板中双击"图层1",在打开的【图层样式】对话框中设置【斜面和浮雕】选项的参数如图6.3.34所示,效果如图6.3.35所示。

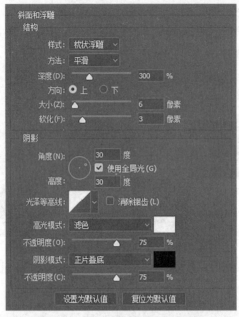

图6.3.34　【斜面和浮雕】选项

图6.3.35　完成后的拼图效果

4)保存文件

执行【文件】→【存储为】命令保存文件。

6.4　图层混合颜色带

知识要点

- 图层样式之混合颜色带。

知识链接

图层样式之混合颜色带

1）混合颜色带的相关选项

混合颜色带存在于【图层样式】的【混合选项】中，它能根据本图层或下一图层像素的亮度值，决定本图层上相应位置的像素是否呈透明显示，如图 6.4.1 所示。

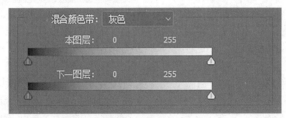

图6.4.1　【混合颜色带】选项

灰色　　　∨：该下拉选择框中包含"灰色""红""绿""蓝" 4 个选项。其中"灰色"表示根据本图层或下一图层的亮度值选择透明的范围；"红""绿""蓝"则表示根据该种颜色值来选择透明的范围。

【本图层】：本图层滑块用于选择本图层的亮度或颜色值范围，使符合条件的像素呈透明显示。

【下一图层】：下一图层滑块用于选择下一图层的亮度或颜色值范围，使符合条件的像素对应的"本图层"像素呈透明显示。

2）混合颜色带的应用

在混合颜色带中，每一图层的滑块上方均有一个渐变颜色条，它们代表了图像的亮度范围，从"0（暗）~255（亮）"。不管在【本图层】中，还是在【下一图层】中，拖动滑块均可以隐藏【本图层】中该亮度范围内的像素。具体情况分析如下。

效　果	混合颜色带参数
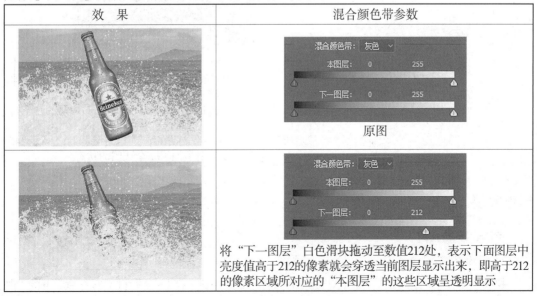	原图
	将"下一图层"白色滑块拖动至数值212处，表示下面图层中亮度值高于212的像素就会穿透当前图层显示出来，即高于212的像素区域所对应的"本图层"的这些区域呈透明显示

续表

效　　果	混合颜色带参数
	 将"下一图层"黑色滑块拖动至数值120处，表示下面图层中亮度值低于120的像素就会穿透当前图层显示出来，即低于120的像素区域所对应的"本图层"的这些区域呈透明显示
	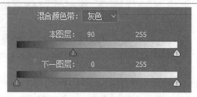 将"本图层"的黑色滑块拖动至数值90处，可以隐藏当前图层中亮度值低于90的像素，即当前图层低于90的像素区域呈透明显示
	 将"本图层"的白色滑块拖动至数值120处，可以隐藏当前图层中亮度值高于120的像素，即当前图层高于120的像素区域呈透明显示
	 按"Alt"键的同时，单击滑块，可以将滑块拆分成两个三角形，调整分开的两个滑块，在"本图层"中与两个半滑块所对应的区域将呈半透明显示。如上图所示，"下一图层"的白色滑块被拆分，左半边滑块位于90处，右半边滑块位于245处，表示下面图层在90~245 px，"本图层"与之所对应的区域是半透明的，"本图层"与之高于245的像素所对应的区域则是处于完全透明的状态

操作实践

合成"响彻云宵"

1）打开素材

执行【文件】→【打开】命令（或按"Ctrl"+"O"快捷键）打开"\素材\第6章"下的"白

片.jpg"和"大提琴.jpg"图像文件,如图6.4.2所示。

图6.4.2 打开的"白片.jpg"和"大提琴.jpg"图像文件

2)添加大提琴

①设置【魔棒工具】的属性。激活"大提琴.jpg"图像,选择【魔棒工具】,并设置其属性栏的各项参数,如图6.4.3所示。

图6.4.3 【魔棒工具】属性栏设置

②选取大提琴。使用鼠标单击图像的白色背景,选取除大提琴外的区域,然后执行【选择】→【反向】命令,反选选区,选取大提琴。

③添加大提琴。使用【移动工具】拖动选取好的大提琴至"白云.jpg"图像上,并按"Ctrl"+"T"快捷键,调整小提琴的大小,效果如图6.4.4所示。

3)添加图层样式

设置混合颜色带。在【图层】面板中双击大提琴所在的"图层1",打开【图层样式】面板,在【图层样式】的【混合选项】中设置混合颜色带如图6.4.5所示,完成的最终效果如图6.4.6所示。

图6.4.4 添加大提琴后的效果

图6.4.5 【混合颜色带】选项设置

图6.4.6 "响彻云霄"合成的最终效果图

4）保存文件

执行【文件】→【存储为】命令保存文件。

6.5 综合应用

操作实践

绘制德芙巧克力

1）新建文件

按"Ctrl"+"N"快捷键，新建一个大小为 500 px×500 px，分辨率为 300 px/in 的文件。

2）制作巧克力块

①绘制圆角矩形。新建"图层1"，设置前景色为褐色（R=150，G=100，B=60）。单击【圆角矩形工具】，在其属性栏中选择"像素"选项，并设置其"半径"为"20 px"，然后在画布中拖动鼠标绘制一个圆角矩形，效果如图 6.5.1 所示。

②添加图层样式。在【图层】面板中双击"图层1"，在打开的【图层样式】对话框中设置【斜面和浮雕】和【等高线】的参数如图 6.5.2、图 6.5.3 所示，得到如图 6.5.4 效果。

图6.5.1 绘制圆角矩形

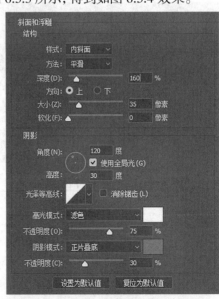

图6.5.2 【斜面和浮雕】选项的参数设置

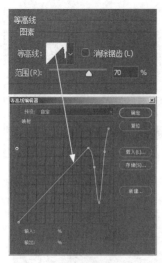

图6.5.3 【等高线】选项的
参数设置

图6.5.4 添加浮雕和等高线后的效果

3）添加线条

①绘制线条。新建"图层2"，设置前景为白色（或除褐色以外的其他颜色）。选择【铅笔工具】，并设置笔尖大小为"6 px"，在巧克力上绘制水平、垂直各2条直线，如图6.5.5所示。

②添加图层样式。单击【图层】面板，将"图层2"的"填充"调整为"0%"；然后双击"图层1"，在打开的【图层样式】对话框中设置【斜面和浮雕】选项的参数如图6.5.6所示，其他选项不变，效果如图6.5.7所示。

图6.5.5 绘制线条

图6.5.6 【斜面和浮雕】选项的
参数设置

4）添加文字

①添加文字。选择【横排文字工具】，并设置"字体"为"微软雅黑"，"大小"为"22点"，样式为"仿粗体"；设置完毕后，在画布中键入"Dove"字样，如图6.5.8所示。

②添加图层样式。单击【图层】面板，将"Dove文字图层"的"填充"调整为"0%"；然后双击"Dove文字图层"，在打开的【图层样式】对话框中设置【斜面和浮雕】选项的参数如图6.5.9所示，其他选项不变，效果如图6.5.10所示。

5）保存文件

执行【文件】→【存储为】命令保存文件。

图6.5.7　给线条添加了浮雕效果

图6.5.8　添加文字

图6.5.9　【斜面和浮雕】选项的
　　　　参数设置

图6.5.10　巧克力的最终效果

第7章 蒙版的使用

蒙版主要用于保护被遮挡的图像区域，只允许用户对被遮挡以外的区域进行修改。蒙版与选区范围的功能相似，两者可以互相转换，但又有所区别。

在 Photoshop 中的蒙版可以分为图层蒙版、矢量蒙版、剪切蒙版、快速蒙版 4 种类型。

7.1 图层蒙版

知识要点

- 图层蒙版的作用；
- 图层蒙版的特点；
- 图层蒙版的创建和编辑。

知识链接

1. 图层蒙版的作用

图层蒙版常用于保护、显示或隐藏图像，当要改变图像某个区域的颜色，或要对该区域应用特殊效果时，蒙版可以隔离并保护图像的其余部分。

图层蒙版是使用黑、白、灰来标记的，如图 7.1.1 所示。黑色区域表示遮挡图像，白色区域用来显示图像，而灰色区域则表现出图像若隐若现的效果。

图7.1.1　图层蒙版

2. 图层蒙版的特点

图层蒙版主要具有以下特点：

①在蒙版层上操作，只有灰色系列。

②蒙版中的白色表示全透明，黑色表示遮盖，而灰白色则表示半透明。

③蒙版的实质是将原图层的画面进行适当的遮盖，从而显示出设计者需要的部分。

3. 图层蒙版的创建

在图层面板中选择某个图层，然后执行【图层】→【图层蒙版】命令。该命令包括【显示全部】【隐藏全部】【显示选区】【隐藏选区】【从透明区域】5 个命令。

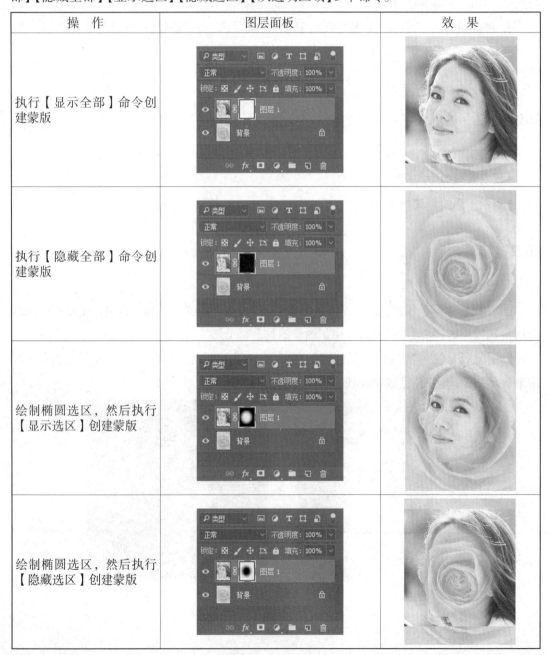

操 作	图层面板	效 果
执行【显示全部】命令创建蒙版		
执行【隐藏全部】命令创建蒙版		
绘制椭圆选区，然后执行【显示选区】创建蒙版		
绘制椭圆选区，然后执行【隐藏选区】创建蒙版		

续表

操　作	图层面板	效　果
执行【从透明区域】命令创建蒙版	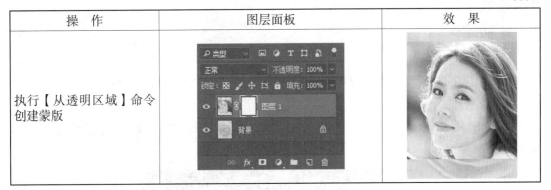	

【显示全部】：用以创建白色蒙版，表示该蒙版完全透明，所选择图层的内容全部显示（在【图层】面板下方单击【添加图层蒙版】按钮有同样作用）。

【隐藏全部】：用以创建黑色蒙版，表示全部遮挡。

【显示选区】：通过先创建选区的方法创建蒙版。在蒙版层中，选区内的区域用白色表示显示，选区外的区域用黑色，表示遮挡。

【隐藏选区】：和【显示选区】命令的效果相反。在蒙版层中，选区内的区域用黑色表示遮挡；选区外的区域用白色，表示显示。

【从透明区域】：对所选择图层的透明区域创建蒙版，在蒙版层中，该图层的透明区域用黑色表示遮挡。

4. 图层蒙版的编辑

选中图层蒙版后，可使用画笔或是渐变工具对蒙版进行修改，涂白色的区域显示当前图层内容，涂黑色的区域则隐藏当前图层内容，而灰色区域呈现为半透明状态。在蒙版中使用白到黑的渐变，可以得到图像渐渐透明的效果，如图 7.1.2 所示。

图7.1.2　在蒙版中使用渐变后的效果及图层面板

操作实践

美丽的春天

1）新建文件

新建一个名为"7-1"，大小为 800 px×300 px，分辨率为 96 px/in 的文件。

2）添加素材

打开"flower"素材文件，并使用【移动工具】将其移至"7-1"文件中，效果如图 7.1.3 所示。

图7.1.3　打开"flower"素材

3）创建文字选区

选择【横排文字蒙版工具】，设置如图 7.1.4 所示，输入文字"美丽的春天"，效果如图 7.1.5 所示。

图7.1.4　【文字工具】属性栏的设置

图7.1.5　通过【横排文字蒙版工具】创建文字选区

4）创建蒙版

执行【图层】→【图层蒙版】→【显示选区】命令，创建图层蒙版，效果如图 7.1.6 所示。

美丽的春天

图7.1.6　【自由变换】命令的属性栏

5）保存文件

执行【文件】→【存储为】命令保存文件。

7.2 矢量蒙版的创建与编辑

知识要点

- 矢量蒙版的创建与编辑。

知识链接

1. 矢量蒙版

矢量蒙版与图层蒙版的功能类似,同样是用于保护、显示或隐藏图像。不同点在于在矢量蒙版中操作者只能使用钢笔工具、形状工具等矢量图形绘制工具,不能使用画笔之类的工具;而且它只能用黑或白来控制图像透明与不透明,不能产生半透明效果。

2. 矢量蒙版的创建

执行【图层】→【矢量蒙版】→【显示全部】命令(或【隐藏全部】或【当前路径】命令),可以添加矢量蒙版。

【显示全部】:用以创建空白的矢量蒙版,表示该蒙版完全透明。

【隐藏全部】:用以创建黑色矢量蒙版,表示全部遮挡。

【当前路径】:通过当前路径创建矢量蒙版。在蒙版层中,路径内的区域用白色表示显示,路径外的区域用黑色表示遮挡,如图 7.2.1 所示。

此外按 "Ctrl" 键的同时,单击图层面板下方的【添加图层蒙版】▣按钮,也可实现矢量蒙版的创建。

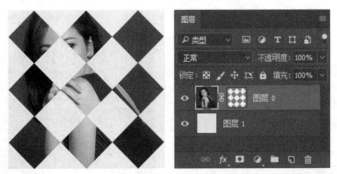

图7.2.1 通过【当前路径】创建的矢量蒙版效果及对应的图层面板

3. 矢量蒙版的编辑

编辑矢量蒙版需使用矢量工具,如钢笔工具、形状工具、路径选择工具或直接选择工具,通过使用矢量工具编辑路径来修改显示的范围。

注意:一个图层能加 2 个蒙版,前面是像素蒙版,后面是矢量蒙版,矢量蒙版不能使用【渐变工具】编辑。

操作实践

图像合成——唱片封面制作

1）打开素材

执行【文件】→【打开】命令，打开"\ 素材\ 第7章"下的"夕阳.jpg"和"凝望.jpg"文件，使用【移动工具】将"凝望.jpg"拖动至"夕阳.jpg"文件中，并按"Ctrl"＋"T"快捷键（或【编辑】→【自由变换】命令）调整其大小为原来的13%，如图7.2.2所示。

图7.2.2　打开"夕阳.jpg"和"凝望.jpg"图像

2）添加空白图层蒙版

选择"图层1"，然后单击图层面板下方的【添加图层蒙版】 ⬤ 按钮创建一个空白的图层蒙版。

3）编辑图层蒙版

单击选择图层中的"蒙版"，然后使用【渐变工具】自左向右拖出黑白渐变，效果及图层面板如图7.2.3所示。

图7.2.3　使用【渐变工具】编辑蒙版得到的效果及对应的图层面板

4）添加矢量蒙版

①单击图层面板下方的【添加矢量蒙版】 ⬤ 创建空白的蒙版。

注： 一个图层最多能加2个蒙版，并且前面是像素蒙版，后面是矢量蒙版。图层面板下方的 ⬤ 按钮会根据情况自动切换为相应的蒙版工具。

②选择【自定形状工具】中的"模糊点1"，在蒙版中绘制形状，如图7.2.4所示。

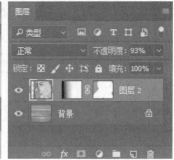

图7.2.4 添加蒙版后的效果及对应图层面板

5）添加文字

①选择【直排文字工具】，并设置字体为"汉仪行楷简"，大小为"120"，在画面上输入文字"流年"。

②右键单击"流年"文字图层，在弹出的菜单选择【混合选项】，打开【图层样式】对话框，并分别勾选【光泽】【颜色叠加】和【外发光】选项，相关设置如图 7.2.5 所示。

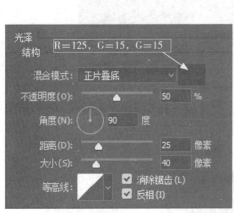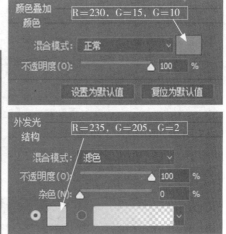

图7.2.5 为文字添加样式

6）保存文件

执行【文件】→【存储为】命令保存文件，完成效果图 7.2.6 所示。

图7.2.6 完成时的【图层】面板及效果图

7.3　快速蒙版及贴入命令

知识要点

- 贴入与外部贴入命令的使用；
- 快速蒙版的使用。

知识链接

1. 贴入与外部贴入命令的使用

贴入与外部贴入命令都可以直接在粘贴的同时自动按照所选的区域产生图层蒙版。贴入与外部贴入命令都在【编辑】→【选择性粘贴】菜单下，如图7.3.1所示。

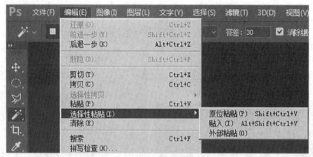

图7.3.1　【选择性粘贴】命令

【贴入】和【外部贴入】命令的不同点在于两个命令作用相反，【贴入】命令是使拷贝的图像显示在选区内，选区以外的图像自动产生蒙版，如图7.3.2所示；【外部贴入】命令则是使拷贝的图像显示在非选区内，选区内的图像产生蒙版。

图7.3.2　使用【贴入】命令并对大小作适当调整后的图层面板及效果

2. 快速蒙版的使用

快速蒙版主要用于选区的创建和编辑。选择工具箱中的【快速蒙版工具】▣进入快速蒙版（或按"Q"键）。在快速蒙版中，非选区域覆盖半透明红色，如图7.3.3所示。常使用【画笔工具】编辑快速蒙版，使用白色画笔涂绘可添加选区，使用黑色画笔涂绘可减少选区，而灰色得到半透明的选区。使用画笔涂绘之后，再次按"Q"键可退出快速蒙版。

图7.3.3 使用【画笔工具】编辑快速
蒙版的临时状态

操作实践

合成荧屏靓影

1）打开素材

执行【文件】→【打开】命令，打开"\ 素材 \ 第 7 章"下的"美女 . jpg""显示器 . jpg"和"花 2. jpg"文件。

2）给显示器添加花背景

①在"花 2. jpg"中按"Ctrl"+"A"快捷键全选，然后按"Ctrl"+"C"快捷键进行复制。

②激活"显示器 . jpg"窗口，使用【魔棒工具】，并设置容差为"15"，单击选择除显示器外的区域。

③执行【编辑】→【选择性粘贴】→【贴入】命令，将花背景贴入作为显示器的背景，并使用【移动工具】适当调整花的位置，如图 7.3.4 所示。

3）给显示器添加显示画面

①激活"美女 . jpg"窗口，按"Ctrl"+"A"快捷键全选，然后按"Ctrl"+"C"快捷键进行复制。

②激活"显示器 . jpg"窗口，并选择显示器所在的背景图层，使用【多边形工具】创建显示屏选区，如图 7.3.5 所示。

③执行【编辑】→【选择性粘贴】→【贴入】命令，将美女贴入显示屏选区中。

④使用【编辑】→【变换】下的【水平翻转】和【旋转】命令，调整图像，效果如图 7.3.6 所示。

图7.3.4 花背景贴入显示器后的效果

图7.3.5 创建显示屏选区

4）给美女的头发换颜色

①按"Q"键（或选择工具箱中的【快速蒙版工具】 ▨ ）进入快速蒙版，使用【画笔工具】，并适当调整画笔的大小，使用黑色在人像的头发上涂抹，如图7.3.7所示。

②再次按"Q"键（或再次单击工具箱中的【快速蒙版工具】 ▨ ）退出快速蒙版，并按"Shift"+"Ctrl"+"I"快捷键（或执行【选择】→【反向】命令）反选，得到头发选区。

图7.3.6　使用【旋转】命令调整　　　　　　　图7.3.7　使用【快速蒙版工具】
图像后的效果　　　　　　　　　　　　　　　创建选区

③单击【图层面板】下的【创建新图层】按钮新建"图层3"，填充棕色（R=180，G=110，B=50），并设置该图层的混合模式为"柔光"。完成效果及图层面板如图7.3.8所示。

图7.3.8　荧屏丽影的图层面板及效果

5）保存文件

执行【文件】→【存储为】命令保存文件。

7.4　剪切蒙版

知识要点

• 剪切蒙版。

知识链接

1. 剪切蒙版

剪切蒙版是一个用形状遮盖其他图层的对象，使用剪切蒙版只能看到蒙版形状内的区域（即将图层裁剪为蒙版的形状）。

剪切蒙版和被蒙版的对象一起被称为剪切组合，蒙版中的基底图层名称带下画线，上层图层的缩览图是缩进的，且上层图层具有基底图层的不透明度，如图 7.4.1 所示。

图7.4.1　剪切蒙版

2. 剪切蒙版的创建

方法 1：选择上方图层，执行【图层】→【创建剪切蒙版】命令。

方法 2：选择上方图层，按 "Ctrl" + "Alt" + "G" 快捷键可生成剪切蒙版。

方法 3：将鼠标移至要创建剪切蒙版的两个图层间，按 "Alt" 键，当鼠标变成 形状时单击鼠标左键即可。

操作实践

放大镜效果

1）新建文件

新建一个名为 "7-4"，大小为 380 px×380 px，分辨率为 96 px/in 的文件。

2）输入文字符号

选择【横排文字工具】，设置字体为 "宋体"，大小为 "300"，颜色为 "蓝色"，然后输入 "&" 字符，如图 7.4.2 所示。

3）制作放大后的字符

①按 "Ctrl" 键的同时，单击 "&" 文字图层的缩略图，载入文字选区。

②执行【选择】→【修改】→【扩展】命令，将选区扩展 "6" 个像素。

③新建图层 1，设置前景色为 "蓝色"，按 "Alt" + "Delete" 快捷键为选区填充前景色，效果如图 7.4.3 所示。

图7.4.2　输入"&"字

图7.4.3　放大的字符

4）添加放大镜素材

①打开"放大镜"素材，使用【魔棒工具】选取除放大镜外的白色区域，然后再执行【选择】→【反向】命令，得到放大镜选区。

②使用【移动工具】将选中的放大镜拖至"&"字符图层上方。

注意：考虑到放大镜真正起放大作用的是镜片，因此接下来要拆分放大镜的镜框和镜片。

③选择【魔棒工具】，选取属性栏的"添加到选区"选项，然后使用该工具选取镜片。

④按"Ctrl"+"X"快捷键和"Ctrl"+"Shift"+"V"快捷键（或执行【编辑】→【选择性粘贴】→【原位贴入】命令），分离放大镜的镜框和镜片，效果和图层面板如图7.4.4所示。

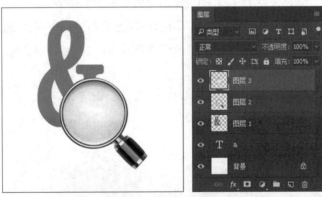

图7.4.4　添加放大镜素材后的效果及面板

5）制作放大效果

注意：因为真正起放大作用的是镜片，当镜片移至文字上时，才显示放大后的字符。

①将"镜片"图层移至大字符所在的"图层1"下方。

②选择大字符所在的"图层1"，按"Ctrl"+"Alt"+"G"快捷键生成剪切蒙版。

③选择"镜框"和"镜片"所在的图层，单击【图层】面板下方的【链接图层】按钮，链接两个图层，以保证移动时，"镜框"和"镜片"能同时移动。

④选择"镜框"所在的图层，为镜框添加"不透明度"为"16%"，"角度"为"120度"的投影，完成效果如图7.4.5所示。

图7.4.5　完成后的放大镜效果及其图层面板

6）保存文件

执行【文件】→【存储为】命令保存文件。

7.5　综合应用

操作实践

拼贴美丽

1）新建文件

新建一个名为"7-5"，大小为 482 px×594 px，分辨率为 72 px/in 的文件。

2）制作相片边框

①隐藏背景图层，新建"图层1"，改名为"相框边"，使用【矩形选框工具】绘制一个矩形，并填充白色，如图 7.5.1 所示。

②执行【选择】→【变换选区】命令，缩小选区如图 7.5.2 所示，并新建"图层2"，改名为"蒙版基底"，填充蓝色或其他颜色。

3）制作小相片效果

①打开"美女2. jpg"素材，使用【选择工具】将其移入"7-5"中，改名为"美女"，置于顶层，并调整好位置。

②选择"美女"图层，按"Ctrl"+"Alt"+"G"快捷键生成剪切蒙版，效果如图 7.5.3 所示。

图7.5.1　绘制"相框边"　　图7.5.2　创建"蒙版基底"　　图7.5.3　创建剪切蒙版后的效果

③单击背景图层左边的 ，显示背景图层。

4）制作其他的小相片效果

①编组图层。单击【图层面板】下方的【创建新组】按钮，创建"组1"，并使用【移动工具】将"相框边""蒙版基底""美女"三个图层移入组中，图层面板如图7.5.4所示。

②选择"组1"，并将其拖至【图层面板】下方的【创建新图层】后释放，创建"组1拷贝"。

③采用同样的方法，创建组1的拷贝2、拷贝3、拷贝4，如图7.5.5所示。

图7.5.4　将图层移入组内　　　　　　　　图7.5.5　复制多个"组"

④单击"组1拷贝2""组1拷贝3""组1拷贝4"左边的 ，将其隐藏。

⑤单击"组1拷贝"旁边的 按钮，展开组。按"Ctrl"键的同时，使用【选择工具】选择组内"相框边"和"蒙版基层"两个图层，将其移至合适的位置，效果及图层面板如图7.5.6所示。

图7.5.6　通过调整"基底图层"控制显示的内容

⑥采用同样的方法调整另几个组的位置。效果如图7.5.7所示。

5）为"组1副本4"制作投影

①复制"组1副本4"中的"相框边"图层，改名为"投影"，并调整其至组内的最下方，按"Ctrl"键的同时，单击该图层缩略图，得到内容选区。

②设置前景色为灰色（R=137, G=137, B=137），按"Alt"+"Delete"快捷键填充选区。

③选择组内的"相框边""控制基底"和"投影"图层，按"Ctrl"+"T"快捷键，适当调整其角度。

④选择组内的"蒙版基底"图层，执行【编辑】→【变换】→【变形】命令，变形如图 7.5.8 所示。

⑤选择组内的"相框边"图层，执行【编辑】→【变换】→【变形】命令，变形如图 7.5.9 所示。

⑥采用同样方法变形"投影"图层，效果如图 7.5.10 所示。

⑦采用同样方法调整并制作其他组的投影，效果如图 7.5.11 所示。

图7.5.7　调整位置后的效果

图7.5.8　"基底图层"变形后的效果

图7.5.9　"相框边"变形后的效果

图7.5.10　"投影"图层变形后的效果

图7.5.11　完成后的效果图

6）保存文件

执行【文件】→【存储为】命令保存文件。

第8章 | 通道的应用

在 Photoshop 中，通道主要用于存储图像的颜色信息，同时也可以保存和编辑选区。

通道是具有256个色阶的灰度图像，根据其所保存的信息分类，可以将通道分为3种类型：颜色通道、Alpha 通道和专色通道。

8.1 颜色通道的运用

知识要点

- 认识通道面板；
- 认识颜色通道。

知识链接

1. 通道面板

通道面板是创建和编辑通道的主要场所，可通过执行【窗口】→【通道】命令，打开【通道】面板，如图 8.1.1 所示。【通道】面板各主要选项的含义如下。

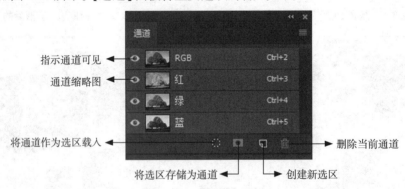

图8.1.1 【通道】面板

【指示通道可见性】：用于控制通道的显示和隐藏。

【通道缩略图】：用于预览通道的内容。

【将通道作为选区载入】：可以将当前通道作为选区调出。

【将选区存储为通道】：可以将当前选区保存为 Alpha 通道。

【创建新通道】：可以创建一个新的 Alpha 通道。

【删除当前通道】：可以删除当前选择的通道。

2. 认识颜色通道

颜色通道用于保存图像的颜色信息，颜色通道的数量由图像的颜色模式所决定，不同的颜色模式的图像其对应的颜色通道数量也不相同。

RGB 颜色模式的图像有 4 个通道，如图 8.1.2 所示，包括 3 个原色通道和 1 个复合通道。其中，RGB 通道是复合通道，也是一个虚通道，是用于预览和编辑整个图像颜色通道的快捷方式，"R" 通道主要用于存储红色的颜色信息，"G" 通道主要用于存储绿色的颜色信息，"B" 通道主要用于存储蓝色的颜色信息。由于红绿蓝是光的三原色，因此，在 RGB 颜色模式下的原色通道中，白色表示"有"该种颜色，黑色表示"无"该种颜色，"灰色"表示中间状态。

图8.1.2　RGB颜色模式的颜色通道　　　图8.1.3　CMYK颜色模式的颜色通道

CMYK 颜色模式的图像则有 5 个通道，如图 8.1.3 所示，包括 4 个原色通道和 1 个复合通道。其中，CMYK 通道是复合通道，"C" 通道主要用于存储青色的颜色信息，同理 "M" "Y" "K" 通道分别用于存储洋红色、黄色和黑色的颜色信息。由于 CMYK 是印刷四原色，因此，在 CMYK 颜色模式下的原色通道中，黑色表示"有"该种颜色，白色表示"无"该种颜色，"灰色"表示中间状态。

3. 编辑颜色通道

当一个图像文件调入 Photoshop 后，Photoshop 就将为其创建图像文件固有的颜色通道或原色通道。修改原色通道的颜色信息，将改变图像的颜色。图 8.1.4 和图 8.1.5 为使用画笔编辑"蓝"通道（使用不透明度为 50% 左右的黑色画笔涂抹"蓝"通道中草地对应的区域）前后的效果对比。

图8.1.4　原图像　　　图8.1.5　编辑"蓝"通道后　　　图8.1.6　删除"蓝"通道后的
　　　　　　　　　　　　　　的图像　　　　　　　　　　　　　图像

因此,可以通过修改原色通道的灰度来调整图像的颜色,也常使用通过填充黑色的方法来删除通道制作别样色彩的图像。如图 8.1.6 所示为将蓝色通道全部填充黑色的效果。

操作实践

制作日系小清新效果

1)打开素材

执行【文件】→【打开】命令(或按"Ctrl"+"O"快捷键),打开"\素材\第 8 章"下的"夏日.jpg"素材文件,如图 8.1.7 所示。

图8.1.7 "夏日.jpg"素材

2)复制图层

选择"背景"图层,并将其拖至面板下方的 ⬚ 图标上,为其创建副本。

3)复制"蓝"通道

执行【窗口】→【通道】命令,打开【通道】面板。在【通道】面板中单击选中"蓝"通道,并执行【选择】→【全部】命令(或按"Ctrl"+"A"快捷键)全选蓝通道,再执行【编辑】→【拷贝】命令(或按"Ctrl"+"C"快捷键)对其进行复制。

4)更改颜色模式为"Lab 模式"

执行【图像】→【模式】→【Lab 颜色】命令,在弹出的对话框中选择"不拼合",如图 8.1.8 所示,将颜色模式改为"Lab 模式"。

图8.1.8 弹出的"不拼合"对话框

5)更改"B"通道的颜色

在【通道】面板的"B"通道中,执行【编辑】→【粘贴】命令(或按"Ctrl"+"V"快捷键),将刚才所复制的内容贴入。

6）修改图层的不透明度

返回【图层】面板中，将"背景 副本"图层的"不透明度"调整为"20%"，完成效果如图8.1.9所示。

7）保存文件

执行【文件】→【存储为】命令保存文件。

图8.1.9 完成的效果图

8.2 Alpha 通道的运用

知识要点

- 认识 Alpha 通道；
- 掌握创建 Alpha 通道的方法；
- 掌握 Alpha 通道转化为选区的方法。

知识链接

1. 认识 Alpha 通道

Alpha 通道的功能是用于存储选区，但由于其具有灵活的可编辑性，因此常通过通道的编辑得到使用其他方法无法得到的选择区域。

Alpha 通道与颜色通道一样使用 256 级灰度来表示。Alpha 通道中的黑色区域对应非选择区域，而白色区域对应选区，灰色表示部分选择，即具有羽化值的选择区域。因此，可以使用画笔、滤镜等各种工具来编辑通道。

2. 创建 Alpha 通道的方法

Photoshop 提供了多种创建 Alpha 通道的方法，可以在工作过程中，根据实际需要选择一种合适的方法。

图8.2.1　【新建通道】对话框

1）创建空白的 Alpha 通道

单击【通道】调板底部的"创建新通道" □ 按钮，可以新建一个空白的 Alpha 通道。如果单击"创建新通道"按钮的同时按住"Alt"键，或选择【通道】调板右上角下拉菜单中的"新建通道"命令，将弹出【新建通道】对话框，如图 8.2.1 所示。

"新建通道"对话框的参数含义如下。

【名称】：在此文本框中可输入新通道的名称。

【被蒙版区域】：选择此选项新建的 Alpha 通道显示为黑色。

【所选区域】：选择此选项新建的 Alpha 通道显示为白色。

【颜色】：单击该颜色块将打开【拾色器】对话框，可指定快速蒙版的颜色。

【不透明度】：指定快速蒙版的不透明度显示。

2）通过选区创建 Alpha 通道

在选区存在的情况下，为了方便在以后的操作中使用该选区，可以通过执行【选择】→【存储选区】命令，也可以通过单击【通道】面板下方的【将选区存储为通道】 ◉ 按钮，将选区存储为 Alpha 通道。

3.Alpha 通道转化为选区的方法

将 Alpha 通道转换为选区的方法有三种：

◆执行【选择】→【载入选区】命令；

◆按"Ctrl"键的同时单击 Alpha 通道的缩览图；

◆单击【通道】调板下方的【将通道作为选区载入】 ▦ 按钮。

操作实践

图像合成——枫林人家

1）打开素材

执行【文件】→【打开】命令（或按"Ctrl"+"O"快捷键），打开"\ 素材 \ 第 8 章"下的"树 . jpg"和"房子 . jpg"素材文件，如图 8.2.2 所示。

图8.2.2　"树 . jpg"和"房子 . jpg"素材文件

2）复制"蓝"通道

将"秋 . jpg"文件窗口作为当前窗口。在【通道】面板中，"蓝"通道是树和背景反差最明显的一个通道，所以我们选择蓝通道并进行复制：选择并拖动"蓝"通道至面板下方的 "创建新通道" 图标上，将创建一个"蓝副本"通道。

注意："蓝"通道和"蓝副本"通道的区别，"蓝"通道为颜色通道，"蓝副本"通道为Alpha 通道。

3）调整"蓝副本"通道的对比度

①选择"蓝副本"通道，执行【图像】→【调整】→【亮度 / 对比度】命令，打开【亮度 / 对比度】对话框，调整参数及调整后的效果如图 8.2.3 所示。

图8.2.3　【亮度/对比度】参数设置及调整后的效果

小提示：观察调整对比度后的"蓝副本"通道，发现地面对应的区域还有零星的白色，因此考虑用【画笔工具】来涂黑它。

②选择【画笔工具】，并将前景色置为"黑色"，然后使用画笔在地面对应的白色区域中涂抹，得到图 8.2.4 效果。

4）从原图中将树抠出

①按 "Ctrl" 键的同时单击 "蓝副本" 通道，载入选区。

②由于在 Alpha 通道中，白色区域表示选择，故要选择树木，需执行【选择】→【反选】命令（或按 "Shift" + "Ctrl" + "I" 快捷键）。

③依次单击【RGB 通道】【图层】面板，返回图层中，然后再执行【编辑】→【拷贝】命令（或按 "Ctrl" + "C" 快捷键）和【编辑】→【粘贴】命令（或按 "Ctrl" + "V" 快捷键）。

5）选择房子

①将"房子 . jpg"文件窗口作为当前窗口。使用【魔棒工具】，并选择"添加到选区" 选项，设置容差为"20"，通过单击的方式选择除房子外的区域。

②按 "Shift" + "Ctrl" + "I" 快捷键（或执行【选择】→【反选】命令），得到房子选区，如图 8.2.5 所示。

图8.2.4　使用【画笔工具】编辑后
的通道效果

图8.2.5　选择房子

6）效果合成

使用【移动工具】，将房子拖至"秋.jpg"文件中，并调整好图层，图层面板如图8.2.6所示。

7）保存文件

执行【文件】→【存储为】命令保存文件，效果如图8.2.7所示。

图8.2.6　完成后的【图层】面板

图8.2.7　完成后的效果

8.3　专色通道应用

知识要点

- 认识专色通道；
- 创建专色通道的方法；
- 保存专色通道的方法。

知识链接

1.认识专色通道

专色印刷是指采用青、品、黄、黑四色以外的其他专色油墨来复制原稿颜色的印刷工艺。专色油墨是指一种预先混合好的特定彩色油墨，而专色通道是用来存储专色信息的通道。在专色通道中，每个专色通道只可以存储一种专色信息，并且是以灰度形式来存储的。其中，白色区域表示没有颜色,黑色区域表示专色油墨。

专色的准确性非常高而且色域非常宽,超过了 RGB、CMYK 的表现色域,专色中的大部分颜色是 CMYK 无法呈现的,所以,它可以用来替代或补充印刷色,如烫金色、金属银等。

2. 创建专色通道的方法

除了位图模式以外,可以在其他所有的色彩模式下建立专色通道,并且,所创建的专色通道都是以专色的名称来命名的。建立专色通道的方法有多种。

1) 创建空白的专色通道

①单击【通道】调板右上角的■按钮,在弹出的下拉菜单中选择【新建专色通道】(或按 "Ctrl" 键的同时单击【通道】调板下方的【创建新通道】 按钮),将打开【新建专色通道】对话框,如图 8.3.1 所示。

图8.3.1　【新建专色通道】对话框

②单击 "颜色" 打开的【颜色库】对话框,如图 8.3.2 所示。

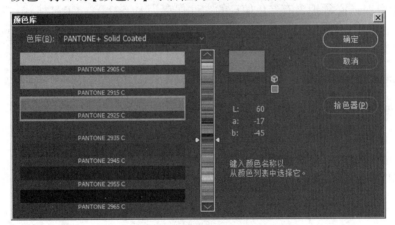

图8.3.2　【颜色库】对话框

【颜色】:一般选择 PANTONE 色,当选择 PANTONE 色后,名称框中会自动添加该专色名称。

【密度】:影响专色的屏幕显示透明度,不会改变专色的色相。密度值越小,专色显示效果透明度越高,反之,专色显示效果透明度越低。

③在专色通道中绘制黑色形状色块,表示该色块区域使用专色油墨,如图 8.3.3 所示。

2) 通过选区新建专色通道

①先在图像中创建选择区域,然后单击【通道】调板右上角的■按钮,在弹出的下拉菜单中选择 "新建专色通道"。

②同方法 1, 在弹出对话框选择"颜色"及"密度"后确定。

3）将 Alpha 通道转换专色通道

在【通道】调板中, 双击要转换的 Alpha 通道, 在弹出的【通道选项】对话框中, 如图 8.3.4 所示, 选择"专色", 并选择相应的颜色和密度。

图8.3.3　【新建专色通道】对话框

图8.3.4　【通道选项】对话框

3. 保存专色通道

在 Photoshop 中能创建专色通道的色彩模式有多种, 而要保存专色信息的模式只有灰度模式、CMYK 模式和多通道模式三种。此外, 为了让包含专色通道的文件能在其他桌面出版软件中使用, 保存时还必须把含有专色信息的文件保存为 DCS 2.0 (*.EPS) 格式。如果保存文件中含有一个专色通道, 保存为 DCS 2.0 (*.EPS) 格式后, 将生成 5 个扩展名分别是 *.EPS、*.C、*.M、*.Y、*.K 的文件。

4. 合并专色通道

在 Photoshop 中, 如果需要在输出的 *.jpg 格式中能看到专色的效果, 需先合并专色通道。合并专色通道的方法是: 在【通道】调板中选择专色通道后, 然后单击【通道】调板右上角的█按钮, 在弹出的下拉菜单中选择"合并专色通道"。

由于 CMYK 油墨无法重现专色通道的色彩范围, 所以合并专色通道后, 色彩信息可能会有所丢失。

操作实践

图8.3.5　素材文件

合成画册

1）打开素材

执行【文件】→【打开】命令（按"Ctrl"+"O"快捷键), 打开"\素材\第 8 章"下的"画册.jpg"素材文件, 如图 8.3.5 所示。

2）选取舞者

①打开"舞.jpg"文件素材, 使用【钢笔工具】创建人

像路径,如图 8.3.6 所示。

②按 "Ctrl" + "Enter" 快捷键(或单击【路径】调板下方的 "将路径作为选区载入" ▦ 图标),得到人像选区。

3)使用专色通道合成

①激活 "画册 . jpg" 窗口中,在【通道】调板中单击【通道】调板右上角的 ▦ 按钮,在弹出的下拉菜单中选择【新建专色通道】,如图 8.3.7 所示,并设置专色颜色为 "PANTONE 7641 C",密度为 "100%"。

图8.3.6 创建路径   图8.3.7 【新建专色通道】对话框

②使用【移动工具】将 "舞 . jpg" 文件中选取的人像拖动至画册中,并按 "Ctrl" + "T" 快捷键(或执行【编辑】→【自由变换】命令)调整其大小及角度,效果如图 8.3.8 所示。

③使用【横排文字工具】,设置字体为 "华文楷体",字体大小为 "48",在画册上输入 "芭蕾舞" 字样,并按 "Ctrl" + "T" 快捷键(或执行【编辑】→【自由变换】命令)调整其角度,效果如图 8.3.9 所示。

图8.3.8 添加人物后的效果   图8.3.9 添加文字

4)保存文件

执行【文件】→【存储为】命令保存文件。

8.4 综合应用

操作实践

给证件照换底

1）打开素材

按"Ctrl"+"O"快捷键（或执行【文件】→【打开】命令），打开"\素材\第8章"下的"证件照.jpg"文件。

2）通道抠图

①使用【钢笔工具】创建人像（除头发外）选区，如图8.4.1所示，并按"Ctrl"+"Enter"快捷键（或单击【路径】调板下方的"将路径作为选区载入"图标），得到选区。

②因为照片像素较小，相片质量较差，为了预防抠图后残留蓝边，执行【选择】→【修改】→【收缩】命令，在【收缩选区】对话框中设置收缩量为"1"像素，然后确定。

③打开【通道】面板，观察并发现头发和背景对比度最明显的通道是"蓝"通道。使用【移动工具】拖动"蓝"通道至面板下方的"创建新通道"图标上，创建"蓝拷贝"通道。

④单击工具箱下方的"默认前景色和背景色"图标，将颜色恢复为默认状态，然后按"Ctrl"+"Delete"快捷键，在"蓝拷贝"通道的选区中填充背景色，效果如图8.4.2所示。

⑤按"Ctrl"+"Shift"+"I"快捷键（或执行【选择】→【反选】命令）反选选区，然后，选择【画笔工具】用白色在选区内（除了头发外）涂抹，效果如图8.4.3所示。

图8.4.1 创建路径

图8.4.2 填充背景色

图8.4.3 用白色涂抹背景

⑥按"Ctrl"+"D"快捷键（或执行【选择】→【取消选择】命令）取消选区，并使用【画笔工具】用黑色涂抹头发区域（注意不要触碰到发丝和背景交界的区域），效果如图8.4.4所示。

⑦执行【图像】→【调整】→【亮度/对比度】命令，打开【亮度/对比度】对话框，调整参数如图8.4.5所示。

⑧按"Ctrl"键同时单击"蓝拷贝"通道的缩览图，载入选区，并返回【图层】面板中，按"Ctrl"+"J"快捷键，实现对选区内容的复制和新建，生成"图层1"。

3）更换背景及适当修饰

①单击【图层】面板下方的"创建新图层" 🔲 图标新建"图层2"，填充白色，并移至"图层1"的下方。

图8.4.4　涂抹头发区域 　　　　图8.4.5　调整【亮度/对比度】对话框

②选择"图层1"，执行【图层】→【修边】→【移去白色杂边】命令，移去白边。

③按"Ctrl"键的同时单击"图层1"缩览图，载入选区。

④针对头发有蓝边情况，单击【图层】面板下方的"创建新图层" 🔲 图标新建"图层3"，在选区内，使用【吸管工具】选取靠近要修复区域的黑色头发，然后使用【画笔工具】，适当调整其大小及硬度，在要修复的蓝色头发区域涂抹。

⑤使用同样的方法，继续修复其他区域的蓝头发。修复完毕后，按"Ctrl"+"D"快捷键（或执行【选择】→【取消选择】命令）取消选区。

⑥为了使修复的头发更自然，将"图层3"的图层混合模式设置为"颜色"。图层面板和效果如图8.4.6所示。

图8.4.6　换底完成的【图层】面板和效果

4）保存文件

执行【文件】→【存储为】命令保存文件。

第9章 | 变幻莫测的滤镜特效

滤镜是 Photoshop 最具吸引力的功能之一，可以将普通的图像创建出各种变化莫测的图像特效，不仅能模拟素描、油画、水彩等绘画效果，还能完成纹理、杂色、扭曲和模糊等多种操作。在这一章中，我们将详细了解不同滤镜的使用方法。

9.1 模糊滤镜组

知识要点

- 认识模糊滤镜组；
- 掌握模糊滤镜的应用。

知识链接

1. 表面模糊

表面模糊滤镜在模糊图像的同时会保留图像边缘，用于创建特殊效果并消除杂色或颗粒。执行【滤镜】→【模糊】→【表面模糊】命令，打开【表面模糊】滤镜对话框如图 9.1.1 所示。

【半径】：该项指图像的中心点向外模糊的范围，数值越大，范围越大。

【阈值】：该项指当前图像模糊或者锐化的程度，数值越大，模糊或锐化越大。

图 9.1.2 为【表面模糊】滤镜设置"半径"是"100"，"阈值"是"90"的执行前后对比图。

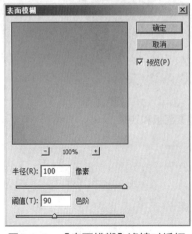

图9.1.1 【表面模糊】滤镜对话框

图9.1.2 执行【表面模糊】的
前后对比图

2. 动感模糊

动感模糊滤镜可以让图像产生运动的模糊效果，通过设置某方向上的像素来表现运动感。执行【滤镜】→【模糊】→【动感模糊】命令，打开【动感模糊】滤镜对话框如图9.1.3所示。

【角度】：该项可以设置模糊的方向值。

【距离】：该项设置图像的运动长度。数值越大，图像的运动长度越长，运动感就越强烈。

图9.1.4为【动感模糊】滤镜设置"角度"是"0"，"距离"是"200"的执行前后对比图。

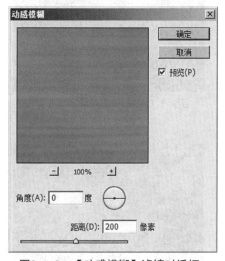

图9.1.3 【动感模糊】滤镜对话框

图9.1.4 执行【动感模糊】的
前后对比图

3. 方框模糊

方框模糊滤镜可在图像中使用邻近像素颜色的平均值来模糊图像。此滤镜可用于创建特殊效果。执行【滤镜】→【模糊】→【方框模糊】命令，打开【方框模糊】滤镜对话框如图9.1.5所示。

【半径】：该项指图像的中心点向外模糊的范围。

图9.1.6为【方框模糊】滤镜设置"半径"是"60"的执行前后对比图。

4. 高斯模糊

高斯模糊滤镜可以对图像整体进行模糊处理，根据高斯曲线调节图像颜色值，更细致地表现模糊效果。执行【滤镜】→【模糊】→【高斯模糊】命令，打开【高斯模糊】滤镜对话框如图9.1.7所示。

【半径】：该项指图像模糊的程度。

图9.1.8为【高斯模糊】滤镜设置"半径"是"10"的执行前后对比图。

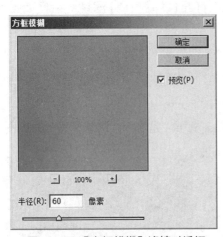

图9.1.5 【方框模糊】滤镜对话框　　　　图9.1.6 执行【方框模糊】的
　　　　　　　　　　　　　　　　　　　　　　　前后对比图

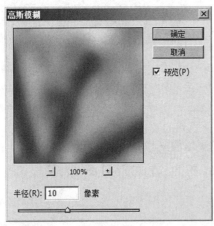

图9.1.7 【高斯模糊】滤镜对话框　　　　图9.1.8 执行【高斯模糊】的
　　　　　　　　　　　　　　　　　　　　　　　前后对比图

5. 进一步模糊

进一步模糊滤镜在应用多次之后,可以得到更强烈的模糊效果,此滤镜没有参数设置,直接使用即可。

6. 径向模糊

径向模糊滤镜以基准点为中心,模拟出前后移动图像或者旋转图像的模糊效果,创建的模糊效果比较柔和。执行【滤镜】→【模糊】→【径向模糊】命令,打开【径向模糊】滤镜对话框如图 9.1.9 所示。

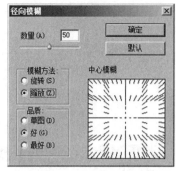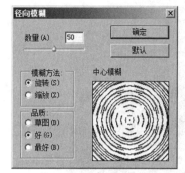

图9.1.9 【径向模糊】滤镜对话框的不同模糊方法

【数量】：该项设置模糊的应用范围。

【模糊方法】：该项设置效果的应用方法。

【品质】：该项设置结果图像的品质。

【中心模糊】：该项设置模糊的基准点。

图 9.1.10 为【径向模糊】滤镜设置"数量"是"50"，"模糊方法"分别为"旋转"和"缩放"的执行前后对比图。

图9.1.10 执行径向模糊的不同模糊方法得到的效果图

7. 镜头模糊

镜头模糊滤镜是指在图像中模拟相机镜头抖动时产生的模糊效果，还可在图像中应用模糊程度和杂点。执行【滤镜】→【模糊】→【镜头模糊】命令，打开【镜头模糊】滤镜对话框如图 9.1.11 所示。

【预览】：该选项可预览滤镜效果。下方按钮用于设置预览方式，选择"更快"可快速预览调整后的效果，选择"更加准确"可精确计算模糊的效果，但是会增加预览的时间。

【深度映射】：通过设置"模糊焦距"，可调整模糊的程度。

【光圈】：用于设置模拟通过光线控制镜头的模糊效果。

【镜面高光】：该项可调整模糊镜面亮度的强弱效果。

【杂色】：在模糊过程中为图像添加杂点。

图 9.1.12 为【镜头模糊】滤镜选择默认参数的执行前后对比图。

图9.1.11 【镜头模糊】滤镜
对话框

图9.1.12 执行【镜头模糊】的
前后对比图

8. 模糊

模糊滤镜将图像像素的边线颜色平均化,可对图像边缘进行模糊处理,与进一步模糊效果相似,此滤镜没有参数对话框。

9. 平均模糊

使用平均模糊滤镜后,会找出当前图像或选区的平均颜色,用该颜色填充图像或选区。一般情况下会得到单一颜色的图像,此滤镜没有参数对话框。

10. 特殊模糊

特殊模糊滤镜主要用于对图像进行精确模糊,只在对比值低的颜色上设置模糊效果,是唯一不模糊图像的模糊方式。执行【滤镜】→【模糊】→【特殊模糊】命令,打开【特殊模糊】滤镜对话框如图 9.1.13 所示。

【半径】:半径值越大,应用模糊的像素越多。

【阈值】:确定被模糊处理后图像的像素范围,阈值越大,像素值差异越大,反之则越小。

【品质】:该项设置结果图像的品质。

【模式】:该项设置效果的应用方法。

图 9.1.14 为【特殊模糊】滤镜 "半径" 和 "阈值" 均是 100, "品质" 选择高, "模式" 选择正常的执行前后对比图。

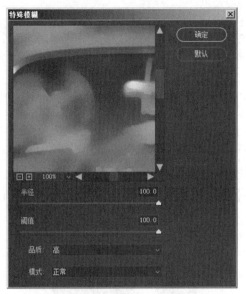

图9.1.13 【特殊模糊】滤镜对话框

图9.1.14 执行【特殊模糊】的
前后对比图

11. 形状模糊

形状模糊滤镜是根据自定形状预设列表中的形状来创建模糊效果。执行【滤镜】→【模糊】→【形状模糊】命令,打开【形状模糊】滤镜对话框如图 9.1.15 所示。

【半径】:通过半径值调整模糊形状的大小。

图 9.1.16 为【形状模糊】滤镜设置"半径"是"20",并选择了"八分音符"形状的执行前后对比图。

图9.1.15 【形状模糊】滤镜对话框

图9.1.16 执行【形状模糊】的
前后对比图

操作实践

1. 制作景深效果

1）打开素材

执行【文件】→【打开】命令（或按"Ctrl"+"O"快捷键），打开 \ 素材 \9.1下的"mei.jpg"文件。

2）制作景深效果

①选择【快速工具】，选择物体区域，并羽化5个像素，如图9.1.17所示。

②右击选择【选择反向】，执行【滤镜】→【模糊】→【高斯模糊】命令,设置模糊"半径"为"3.5"，完成后取消选区，效果如图9.1.18所示。

图9.1.17　执行羽化操作后的效果

图9.1.18　完成效果

3）保存文件

执行【文件】→【存储为】命令保存文件。

2. 快速运动效果

1）打开素材

执行【文件】→【打开】命令（或按"Ctrl"+"O"快捷键），打开 \ 素材 \9.1下的"荡秋千．jpg"文件。

2）制作运动效果

①选择【椭圆选框工具】,设置"羽化"为"2",绘制人物椭圆选区,右击选择【选择反向】，如图9.1.19所示。

②执行【滤镜】→【模糊】→【径向模糊】命令,设置模糊的"数量"为"30"，"模糊方法"为"缩放"，"品质"选择"好"，取消选区，效果如图9.1.20所示。

3）保存文件

执行【文件】→【存储为】命令保存文件。

图9.1.19　绘制选区

图9.1.20　完成效果

3. 阳光穿过丛林效果

1) 打开素材

执行【文件】→【打开】命令（或按"Ctrl"+"O"快捷键），打开 \ 素材 \9.1 下的"丛林 . jpg"文件，如图 9.1.21 所示。

2) 制作阳光穿过丛林效果

①打开通道面板，选择对比最强烈的红通道并复制。

②单击通道面板下方的【将通道作为选区载入】按钮，将该通道内容作为选区载入。

③返回 RGB 复合通道，按"Ctrl"+"J"快捷键复制选区内容，并生成"图层 1"。

④对"图层 1"执行【滤镜】→【模糊】→【径向模糊】命令，设置模糊的"数量"为"100"，"模糊方法"为"缩放"，"品质"选择"好"，调整模糊的中心为图像中阳光的位置，单击确定，效果如图 9.1.22 所示。

图9.1.21　打开原图

图9.1.22　完成效果

3) 保存文件

执行【文件】→【存储为】命令保存文件。

9.2　模糊画廊滤镜组

知识要点

- 认识模糊画廊滤镜组；
- 掌握模糊画廊滤镜的使用。

知识链接

在 Photoshop 的模糊画廊滤镜组中, 有 5 个模糊滤镜, 分别是场景模糊滤镜、光圈模糊滤镜、移轴模糊(倾斜模糊)滤镜、路径模糊滤镜、旋转模糊滤镜, 这 5 个滤镜使用同一个选项对话框, 方便切换选择不同的模糊命令。

1. 场景模糊

场景模糊滤镜可以使图像呈现出不同区域模糊程度不同的效果, 可对全图或局部区域进行模糊处理。执行【滤镜】→【模糊画廊】→【场景模糊】命令, 打开【场景模糊】滤镜对话框, 如图 9.2.1 所示。

【模糊】: 设置模糊的程度。

【光源散景】: 用于控制光照的强度, 数值越大, 高光区域亮度越亮。

【散景颜色】: 调整数值控制散景区域的颜色程度。

【光照效果】: 主要用色阶控制散景范围。

图 9.2.2 为【场景模糊】滤镜设置"模糊"是"15", "光源效果"为"15%", "散景颜"为"0%", "光照范围"为"191/255"的执行前后对比图。

图9.2.1　【场景模糊】滤镜对话框　　　　图9.2.2　场景模糊执行前后的对比图

2. 光圈模糊

光圈模糊滤镜可以将一个或多个焦点添加到图像中, 对焦点的其他区域进行模糊。执行【滤镜】→【模糊画廊】→【光圈模糊】命令, 打开【光圈模糊】滤镜对话框, 如图 9.2.3 所示。

【模糊】: 设置模糊的程度。

【光源散景】: 用于控制光照的强度, 数值越大, 高光区域亮度越亮。

【散景颜色】：调整数值控制散景区域的颜色程度。

【光照效果】：主要用色阶控制散景范围。

设置"模糊"为"30"，其他参数为默认值，执行【光圈模糊】时，如果要将椭圆光圈调整为圆形光圈，拖动时需按"Shift"键配合。图 9.2.4 为执行【光圈模糊】时与原图的对比图。

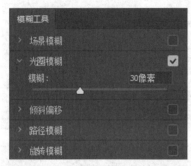

图9.2.3　【光圈模糊】滤镜对话框

图9.2.4　执行【光圈模糊】时与原图的对比图

3. 移轴模糊（倾斜模糊）

移轴模糊（倾斜模糊）滤镜可以让图片的前景保持清晰而模糊图片的背景。执行【滤镜】→【模糊画廊】→【移轴模糊】命令，打开【移轴模糊】滤镜对话框，如图 9.2.5 所示。设置"模糊"为"30"，其他参数为默认值，图 9.2.6 为执行【移轴模糊】时与原图的对比图。

图9.2.5　【移轴模糊】滤镜对话框

图9.2.6　执行【移轴模糊】时与原图的对比图

【模糊】：设置模糊的程度。

【扭曲度】：调整移轴效果的角度。

【光源散景】：用于控制光照的强度，数值越大，高光区域亮度越亮。

【散景颜色】：调整数值控制散景区域的颜色程度。

【光照效果】：主要用色阶控制散景范围。

4. 路径模糊

路径模糊可以沿着路径创建运动模糊效果。执行【滤镜】→【模糊画廊】→【路径模糊】命令，打开【路径模糊】滤镜对话框，如图9.2.7所示。

图9.2.7 【路径模糊】滤镜对话框

图9.2.8 执行【路径模糊】时与原图的对比图

【速度】：调整应用于图像路径模糊量。

【锥度】：调整路径模糊"尾部"的强弱，随着数值增大模糊逐渐减弱。

【终点距离】：可独立调整最后的效果。

设置"速度"为"50%"，"终点速度"为"66"，其他参数为默认值，图9.2.8为使用【路径模糊】滤镜时与原图的对比图。

5. 旋转模糊

旋转模糊可以用来创建圆形或椭圆形的模糊效果。执行【滤镜】→【模糊画廊】→【旋转模糊】命令，打开【旋转模糊】滤镜对话框，对话框中的主要参数有"模糊角度"。

【模糊角度】：设置模糊效果的程度。

设置"模糊角度"为"120"，其他参数为默认值，使用【旋转模糊】时，如果要将圆形模糊区域调整为椭圆，只需待鼠标变成 形状时向里或向外拖动即可，图9.2.9为执行【旋转模糊】时与原图的对比图。

图9.2.9 执行【旋转模糊】时与原图的对比图

9.3 像素化滤镜组

知识要点

- 认识像素化滤镜组;
- 了解并掌握像素化滤镜的使用。

1. 点状化

【点状化】滤镜将图像中的颜色分解为像素及分布的网点,如同点状化绘画一样,并用背景色填充空白处。执行【滤镜】→【像素化】→【点状化】命令,打开【点状化】滤镜对话框,如图 9.3.1 所示。

图 9.3.2 为【点状化】滤镜设置了"单元格大小"为"6"的执行前后对比图。

【单元格大小】:该选项可调整网点的大小。

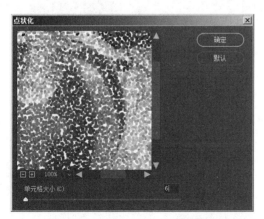

图9.3.1 【点状化】滤镜对话框   图9.3.2 执行【点状化】前后对比图

2. 彩块化

使用【彩块化】滤镜可以让图像中纯色或类似颜色的像素捆绑起来,结成相近颜色的像素块,从而使图像产生绘画效果。该滤镜没有参数对话框,直接使用即可,如图 9.3.3 所示为执行【彩块化】滤镜前后对比图。

图9.3.3 执行【彩块化】前后（局部）的对比图

3. 彩色半调

【彩色半调】模拟在图像的每个通道上使用放大的半调网屏效果，从而使图像产生彩色半调的网点。对于图像中的每个通道，该滤镜用小矩形将图像分割，并用圆形图像替换矩形图像，圆形的大小与矩形的亮度成正比。执行【滤镜】→【像素化】→【彩色半调】命令，打开【彩色半调】对话框，如图9.3.4所示。

【最大半径】：调整像素（网点）的大小。

【网角】：设置各个通道的网点角度。

图9.3.5为【彩色半调】滤镜设置了"最大半径"为"16"，"网角"参数不变的执行前后对比图图。

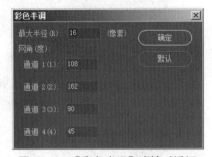

图9.3.4 【彩色半调】滤镜对话框

图9.3.5 执行前和执行后（局部）的对比图

4. 晶格化

【晶格化】滤镜可将图像中的像素结块为纯色的多边形。执行【滤镜】→【像素化】→【晶格化】命令，打开【晶格化】对话框，如图9.3.6所示。

【单元格大小】：该项可调整色块的大小。

图 9.3.7 为【晶格化】滤镜设置了"单元格大小"为"25"的执行前后对比图。

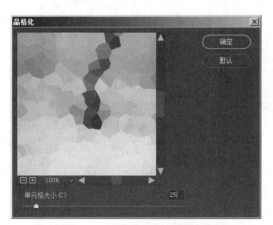

图9.3.6 【晶格化】滤镜对话框

图9.3.7 执行前和执行后（局部）的对比图

5. 马赛克

【马赛克】滤镜可将图像中的像素结成方形块。执行【滤镜】→【像素化】→【马赛克】命令，打开【马赛克】滤镜对话框，如图 9.3.8 所示。

【单元格大小】：该项可调整马赛克的大小。

图 9.3.9 为【马赛克】滤镜设置"单元格大小"为"10 方形"的执行前后对比。

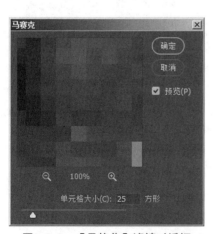

图9.3.8 【晶格化】滤镜对话框

图9.3.9 执行前和执行后（局部）的对比图

6. 碎片滤镜

【碎片】滤镜可使图像的像素复制 4 次，将它们平均移位并降低不透明度，最终产生模糊效果。该滤镜没有参数对话框，直接使用即可，如图9.3.10所示为执行【碎片】滤镜前后对比效果。

图9.3.10 执行【碎片】滤镜前和执行后（局部）的对比图

7. 铜板雕刻

【铜板雕刻】滤镜可以在图像中随机的分布不规则的线条和斑点，从而产生镂刻的版画效果。执行【滤镜】→【像素化】→【铜板雕刻】命令，打开【铜板雕刻】滤镜对话框，如图9.3.11所示。

【类型】：可选择通过点或者线来构成图像。

图9.3.12为【铜板雕刻】滤镜设置了"类型"为"短直线"的执行前后对比效果。

图9.3.11 【铜板雕刻】滤镜对话框

图9.3.12 执行前和执行后
（局部）的对比图

操作实践

1. 制作下雨效果

1）打开素材

执行【文件】→【打开】命令（或按"Ctrl"+"O"快捷键），打开\素材\第9章下的"小

屋 . jpg" 文件。

2）制作下雨效果

①执行【图像】→【调整】→【亮度 / 对比度】命令，设置"亮度"为"-100"，"对比度"为"25"，调层图层的明暗对比，如图 9.3.13 所示。

②新建"图层 1"，填充黑色，执行【滤镜】→【像素化】→【点状化】命令，设置"单元格大小"为"6"，效果如图 9.3.14 所示。

图9.3.13　调整【亮度/对比度】后的效果　　　　图9.3.14　执行【点状化】后的效果

③执行【图像】→【调整】→【去色】命令。

④执行【滤镜】→【模糊】→【动感模糊】命令，设置"角度"为"65 度"，"距离"为"50"，效果如图 9.3.15 所示。

⑤将图层 1 的混合模式设为"滤色"效果，效果如图 9.3.16 所示。

图9.3.15　执行【动感模糊】后的效果　　　　图9.3.16　设置混合模式后的效果

3）保存文件

执行【文件】→【存储为】命令保存文件。

2. 制作下雪效果

1）打开素材

执行【文件】→【打开】命令（或按"Ctrl"+"O"快捷键），打开 \ 素材 \ 第 9 章下的"雪地 . jpg"文件。

2）制作下雨效果

①新建图层 1，填充为黑色，如图 9.3.17 所示。

②执行【滤镜】→【像素化】→【点状化】命令，设置"单元格大小"为"9"，效果如图 9.3.18 所示。

图9.3.17 填充黑色效果

图9.3.18 执行【点状化】效果

③执行【滤镜】→【模糊】→【动感模糊】命令,设置"角度"为"60度","距离"为"15",效果如图9.3.19所示。

④将图层1的混合模式设为"滤色",效果如图9.3.20所示。

图9.3.19 执行【动感模糊】效果

图9.3.20 更改混合模式后的效果

⑤选择【橡皮擦工具】,选择"柔边圆"笔刷,大小适当,并将不透明度降低为37%左右,适当的擦除图像下半部分区域,效果如图9.3.21所示。

图9.3.21 橡皮擦擦拭后的效果

3)保存文件

执行【文件】→【存储为】命令保存文件。

3. 制作闪闪发光文字

1)新建文件

①执行【文件】→【新建】命令(或按"Ctrl"+"N"快捷键),新建文件大小为500 px×400 px,分辨率为72 px/in,颜色模式为"RGB 颜色"的文件,如图9.3.22所示。

图9.3.22 新建文件

图9.3.23 创建文字选区

②渐变填充背景。选择【渐变工具】，设置从深紫色（120，0，110）到浅紫色（175，20，170）的渐变，并选择"线性渐变"类型，然后在画布中从左往右拖动填充背景。

2）制作特别的文字效果

①创建文字选区。选择【横排文字蒙版工具】，字体设置为"Lucida Calligraphy"，设置字体大小为"190"，输入文字"love"，并调整文字位置，确定后得到文字选区，如图9.3.23所示。

②将选区存储为通道。单击【通道】面板下方的【将选区存储为通道】⬛，生成"Alpha 1"通道，如图9.3.24所示；然后执行【选择】→【取消选择】命令（或按"Ctrl"+"D"快捷键）取消选区。

图9.3.24 生成"Alpha 1"通道

图9.3.25 反相"Alpha 1"通道

③执行【图像】→【调整】→【反相】命令反相"Alpha 1"通道，效果如图9.3.25所示。

④执行【滤镜】→【像素化】→【彩色半调】命令，设置"最大半径"为"8"，其他参数如图9.3.26所示，效果如图9.3.27所示。

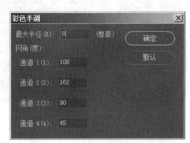

图9.3.26 【彩色半调】滤镜
参数设置

图9.3.27 执行【彩色半调】后的
效果

⑤载入黑色圆点选区。按"Ctrl"键的同时单击"Alpha 1"的缩略图,得到白色区域的选区,再执行【选择】→【反选】命令得到黑色圆点所在区域的选区,然后单击复合通道 RGB 退出"Alpha 1"通道的编辑。

⑥单击工具箱下方的【默认前景色和背景色】按钮重置前景色和背景色。

⑦在【图层】面板中单击【创建新图层】新建"图层 1",然后执行【编辑】→【填充】命令(或按"Ctrl"+"Delete"快捷键)填充白色背景色,按"Ctrl"+"D"快捷键取消选区,效果如图 9.3.28 所示。

⑧单击【图层】面板下方的【添加图层样式】fx,选择【斜面和浮雕】,并设置其参数如图 9.3.29 所示。

图9.3.28 填充颜色后的效果

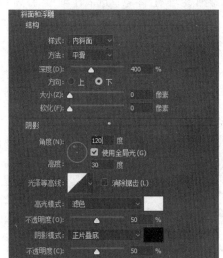

图9.3.29 【斜面和浮雕】参数设置

3)添加光芒

①在【图层】面板中单击【创建新图层】新建"图层 2"。

②选择【画笔工具】,选择"柔边圆",大小为"12",在画笔面板中勾选【形状动态】,将其"大小抖动"中的"控制"设置为渐隐,步长设置为"80",如图 9.3.30 所示。

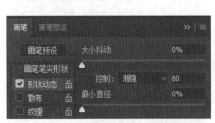

图9.3.30 【画笔】的【形状动态】
选项设置

图9.3.31 绘制十字星

③绘制十字星。设置前景色为"白色",在画布中按"Shift"键的同时绘制 0 或 90 度的

直线, 形成十字星, 效果如图 9.3.31 所示。

④执行【编辑】→【自由变换】命令 (或按 "Ctrl" + "T" 快捷键) 缩放和旋转十字星, 效果如图 9.3.32 所示。

⑤通过复制 "图层 2" 的方法创建其他光芒, 并通过自由变换和移动的方法, 调整光芒的大小和位置, 最后的效果如图 9.3.33 所示。

图9.3.32 添加十字光芒

图9.3.33 完成效果图

4) 保存文件

执行【文件】→【存储为】命令保存文件。

4. 制作纸张撕裂效果

1) 打开素材

执行【文件】→【打开】命令 (或按 "Ctrl" + "O" 快捷键), 打开 \ 素材 \9.3 下的 "看海 . jpg" 文件。

2) 制作纸张撕裂效果

①双击 "背景" 图层解锁, 解锁后的图层名称为 "图层 0"。

②新建 "图层 1", 将 "图层 1" 移至 "图层 0" 下方, 如图 9.3.34 所示。

③执行【图像】→【画布大小】命令 (或按 "Ctrl" + "Alt" + "C" 快捷键), 勾选 "相对", 设置宽和高都增加 "100 像素", 并为 "图层 1" 填充颜色 "#898484", 效果如图 9.3.35 所示。

图9.3.34 新建图层

图9.3.35 扩展画布

④选择图层 0, 并使用【多边形套索工具】, 绘制锯齿状的选区, 如图 9.3.36 所示。

⑤按 "Q" 键进入快速蒙版编辑状态, 执行【滤镜】→【像素化】→【晶格化】命令,

打开【晶格化】对话框，设置"单元格大小"为"3"，并确认执行操作。

⑥按"Ctrl"+"Alt"+"F"快捷键再次执行晶格化滤镜，按"Q"键退出快速蒙版编辑恢复选区，效果如图9.3.37所示。

图9.3.36　图像变形调整

图9.3.37　执行晶格化滤镜后效果

⑦执行【图层】→【新建】→【通过剪切的图层】命令，将图像剪切为两部分，如图9.3.38所示。

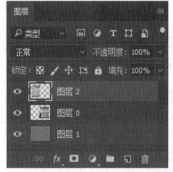
图9.3.38　剪切图像

图9.3.39　变换图像

⑧选择"图层2"，按"Ctrl"+"T"快捷键，并将中心参考点位置置于变形框的右下角，如图9.3.39所示，然后对图层内容进行自由变换、旋转等操作。

⑨采用同样的方法调整"图层0"，调整后的效果如图9.3.40所示。

⑩新建"图层3"，通过按""Ctrl"键+单击图层缩览图"的方法载入"图层2"的选区，填充颜色"#fafafa"，将图层3移至图层2下方，然后，按"Ctrl"+"T"快捷键，以变形框的右下角为中心点进行旋转，如图9.3.41所示。

图9.3.40　调整撕裂照片的距离

图9.3.41　以变形框的右下角为中心点进行旋转

⑪ 通过"按 Ctrl 键 + 单击图层缩览图"的方法,重新载入"图层 2"的选区,然后 执行【选择】→【反选】命令(或按"Shift"+"Ctrl"+"I"快捷键)得到除"图层 2"的内容外的选区,然后使用【橡皮擦工具】在"图层 3"中擦除上边多余的白色区域,如图 9.3.42 所示。

⑫ 执行【选择】→【取消选择】命令(或按"Ctrl"+"D"快捷键)取消选区,完成后的效果如图 9.3.43 所示。

图9.3.42　擦除多余的白色区域　　　　　　图9.3.43　最终效果

3) 保存文件

执行【文件】→【存储为】命令保存文件。

9.4　风格化滤镜组

知识要点

- 认识风格化滤镜组;
- 掌握风格化滤镜的使用。

知识链接

1. 查找边缘

【查找边缘】滤镜可以找出图像的边线,用深色表现出来,其余部分用白色显示,使之产生用铅笔勾划过的轮廓效果。该滤镜没有参数对话框,直接使用即可,如图 9.4.1 所示为执行【查找边缘】滤镜前后的效果。

图9.4.1　使用【查找边缘】滤镜前后的对比图

2. 等高线

【等高线】滤镜可以查找图像的亮部与暗部边界，并对边缘勾勒出线条较细、颜色较浅的线条效果。执行【滤镜】→【风格化】→【等高线】命令，打开【等高线】对话框，如图9.4.2所示。

【色阶】：该项设置边线的颜色等级。

【边缘】：选择边线的显示方法。

图9.4.3为【等高线】滤镜设置"色阶"为"128"，"边缘"选择"较高"的执行前后对比图。

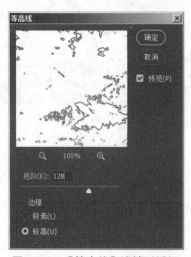

图9.4.2 【等高线】滤镜对话框

图9.4.3 执行【等高线】滤镜前后的对比图

3. 浮雕效果

使用【浮雕效果】滤镜可以描边图像，表现出凸起或凹陷效果，并将图像填充色转换为灰色。执行【滤镜】→【风格化】→【浮雕效果】命令，打开【浮雕效果】对话框，如图9.4.4所示。

【角度】：可设置光的角度。

【高度】：可设置图像中表现层次的高度值。

【数值】：设置滤镜效果的应用程度。

图9.4.5为【浮雕效果】滤镜设置"角度"为"135°"，"高度"为"5"，"数量"为"100%"的执行前后对比效果。

4. 扩散

【扩散】滤镜可使图像中相邻的像素按规定的方式移动，使图像扩散，可产生一种类似透过磨砂玻璃观察图像的分离模糊效果。执行【滤镜】→【风格化】→【扩散】命令，打开【扩散】对话框，如图9.4.6所示。

【正常】：选择该项是指在整个图像上应用滤镜效果。

【变暗优先】：以阴影部分为中心，在图像上应用滤镜效果。

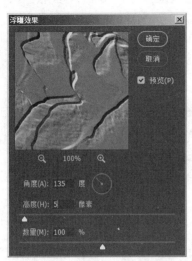

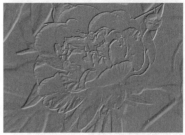

图9.4.4 【浮雕效果】滤镜对话框

图9.4.5 执行【浮雕效果】滤镜前后的对比图

【变亮优先】：以高光部分为中心，在图像上应用滤镜效果。

【各向异性】：柔和地表现图像。

图 9.4.7 为【扩散】滤镜设置"模式"为"正常"的执行前后对比效果。

图9.4.6 【扩散】滤镜对话框

图9.4.7 执行前和执行后（局部）的对比图

5. 拼贴

【拼贴】滤镜可将图像分解为指定数目的方块，并移动一定的距离，类似于马赛克瓷砖效果。执行【滤镜】→【风格化】→【拼贴】命令，打开【拼贴】滤镜对话框，如图 9.4.8 所示。

【拼贴数】：可设置拼贴方块的个数。

【最大位移】：可设置拼贴方块的空间。

【填充空白区域用】：设置方块之间空间的颜色处理方法。

图9.4.9为【拼贴】滤镜设置"拼贴数"为"10","最大位移"为"10%","填充空白区域用"选择"前景色"的执行前后对比效果。

图9.4.8　【浮雕效果】滤镜
对话框

图9.4.9　执行【拼贴】滤镜前后的对比图

6. 曝光过度

【曝光过度】滤镜可使图像产生正片和负片的混合效果,翻转图像的高光部分。该滤镜没有参数对话框,直接使用即可,如图9.4.10所示为执行【曝光过度】滤镜前后的效果。

图9.4.10　执行【曝光过度】滤镜前后的对比图

7. 凸出滤镜

【凸出】滤镜可使选择区域或图层产生一系列的块状或金字塔状的三维纹理效果。执行【滤镜】→【风格化】→【凸出】命令,打开【凸出】滤镜对话框,如图9.4.11所示。

【类型】:可设置三维块的形状。

【大小】:可设置三维块的大小。

【深度】:可设置三维块凸出的深度。

【立方体正面】:当"类型"中选择"块"选项才可用。意思是指选择此项对立方体的表面而不是整个图像填充物体的平均色。

图9.4.11 【凸出】滤镜对话框

【蒙版不完整块】：选择此项，则表示生成的图像中不完全显示三维块。

图9.4.12为【凸出】滤镜设置"类型"为"块"，"大小"为"60"，"深度"为"30"的执行前后对比效果。

图9.4.12 执行【凸出】滤镜前后的对比图

8.风

使用【风】滤镜可以模拟风吹效果。执行【滤镜】→【风格化】→【风】命令，打开【风】滤镜对话框，如图9.4.13所示。

【方法】：该项可调整风的强度。

【方向】：该项可设置风吹的方向。

图9.4.14为【风】滤镜设置"方法"为"风"，"方向"为"从右"，使用3次【风】滤镜的前后对比效果。

图9.4.13 【风】滤镜对话框　　图9.4.14 执行【风】滤镜前后的
　　　　　　　　　　　　　　　对比图

操作实践

1. 制作线稿画

1）打开素材

执行【文件】→【打开】命令（或按"Ctrl"+"O"快捷键），打开\素材\9.4下的"城市.jpg"文件。

2）制作线稿画

①执行【滤镜】→【风格化】→【查找边缘】命令，效果如图9.4.15所示。

②执行【图像】→【调整】→【阈值】命令，参数保留为默认值"128"，效果如图9.4.16所示。

图9.4.15　执行【查找边缘】滤镜后的效果　　　　图9.4.16　执行阈值后完成的效果

3）保存文件

执行【文件】→【存储为】命令保存文件。

2. 制作火焰字效果

1）新建文件

执行【文件】→【新建】命令（或按"Ctrl"+"N"快捷键），新建600 px×550 px，背景为"黑色"的文件，如图9.5.17所示。

2）输入文字

选择【文字工具】，前景色设置为黄色（251，231，7），字体选择"Terminal""仿粗体"，字体大小为"28"，输入文字"火"，效果如图9.4.18所示。

图9.4.17　新建文件　　　　　　　　　图9.4.18　输入文字

3）制作火焰字效果

①按"Ctrl"+"Shift"+"Alt"+"E"快捷键盖印图层，再执行【图像】→【图像旋转】→【顺

时针 90°】命令旋转画布(注意与【编辑】→【变换】→【顺时针变换 90°】命令的区别。【图像】菜单下的旋转命令,旋转的是画布;【编辑】菜单下的变换命令变换的是该图像的图像内容),效果如图 9.4.19 所示。

②执行【滤镜】→【风格化】→【风】命令,设置"方法"为"风","方向"为"从左",进行 3 次"风"滤镜的操作,完成后执行【图像】→【图像旋转】→【逆时针 90°】命令将画布旋转回来,效果如图 9.4.20 所示。

图9.4.19　旋转文字

图9.4.20　使用3次【风】滤镜后的效果

③执行【滤镜】→【模糊】→【高斯模糊】命令,打开【高斯模糊】滤镜对话框,设置"半径"为"1 像素",确定后效果如图 9.4.21 所示。

④选择【涂抹工具】,在其属性栏中选择"柔边圆",并调整笔刷大小和强度,涂抹出火焰效果,效果如图 9.4.22 所示。

图9.4.21　执行【高斯模糊】滤镜后的效果

图9.4.22　使用【涂抹工具】涂抹后的效果

⑤执行【图像】→【调整】→【色彩平衡】命令,调整中间调的色阶为(100,0,0),参数设置如图 9.4.23 所示,效果如图 9.4.24 所示。

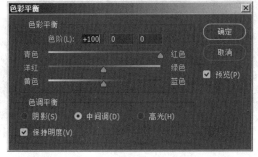

图9.4.23　【色彩平衡】对话框的设置

图9.4.24　完成的效果图

4）保存文件

执行【文件】→【存储为】命令保存文件。

9.5 扭曲滤镜组

知识要点

- 认识扭曲滤镜组；
- 了解并掌握扭曲滤镜的使用。

知识链接

1. 波浪

【波浪】滤镜可在图像上创建波状图案，模拟图像波动，常用于制作一些不规则的扭曲效果。执行【滤镜】→【扭曲】→【波浪】命令，打开【波浪】滤镜对话框，如图9.5.1所示。

【生成器数】：该项可设置生成波浪的数量。

【波长】：该项可设置波浪的长度。

【波幅】：该项可设置波浪的振幅。

【比例】：可通过滑块调整波浪的大小。

【类型】：该项可设置波浪的形态，如正弦、三角形或者方形。

图9.5.2为【波浪】滤镜设置"生成器数"为"8"，"波长"为（10，120），"波幅"为（5，35），其他参数默认的执行前后对比效果。

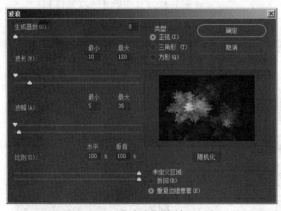

图9.5.1 【波浪】滤镜对话框

图9.5.2 执行【波浪】的前后对比图

2. 波纹

【波纹】滤镜可以模拟水波效果，将图像变形为波纹形态。执行【滤镜】→【扭曲】→【波纹】命令，打开【波纹】滤镜对话框，如图 9.5.3 所示。

【数量】：该项输入的值越大，图像的波纹密度和扭曲范围就越大。

【大小】：该项可设置水纹效果的大小。

图 9.5.4 为【波纹】滤镜设置 "数量" 为 "800"，"大小" 为 "大" 的执行前后对比效果。

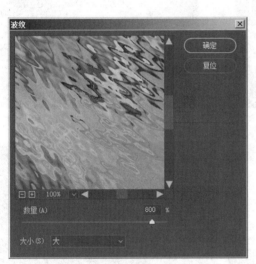

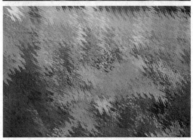

图9.5.3　【波纹】滤镜对话框　　　　　图9.5.4　执行【波纹】的前后对比图

3. 极坐标

使用【极坐标】滤镜以坐标轴为基准扭曲图像，使图像产生一种极度变形的效果。执行【滤镜】→【扭曲】→【极坐标】命令，打开【极坐标】滤镜对话框，如图 9.5.5 所示。

【平面坐标到极坐标】：以图像中心为基准集中图像。

【极坐标到平面坐标】：以图像的底部为中心进行扭曲图像。

图 9.5.6 为【极坐标】滤镜选择了 "平面坐标到极坐标" 选项，并进行了裁剪和添加背影的前后对比效果。

4. 挤压

【挤压】滤镜以图像中心为基准，使图像产生一个向外或者向内加的变形效果。执行【滤镜】→【扭曲】→【挤压】命令，打开【挤压】滤镜对话框，如图 9.5.7 所示。

【数量】：该项若是负数，显示凸出效果；若是正数则显示凹陷效果。

图 9.5.8 为【挤压】滤镜设置 "数量" 为 "-100" 的执行前后对比效果。

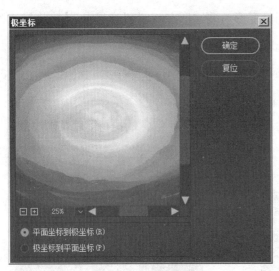

图9.5.5 【极坐标】滤镜对话框

图9.5.6 执行【极坐标】的前后对比图

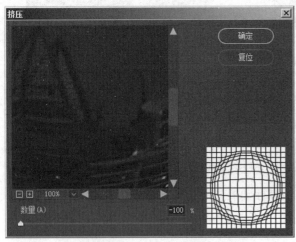

图9.5.7 【挤压】滤镜对话框

图9.5.8 执行【挤压】的前后对比图

5. 切变

　　【切变】滤镜较为灵活，可以通过调整变形曲线，来控制图像的弯曲程度。执行【滤镜】→【扭曲】→【切变】命令，打开【切变】滤镜对话框，如图9.5.9所示。

　　【折回】：利用因图像变形而被裁切的部分来填充空间。

　　【重复边缘像素】：通过增加图像像素的方式填充区域。

　　图9.5.10为【切变】滤镜设置变形曲线为"S形"，"未定义区域"选择"重复边缘像素"的执行前后对比效果。

图9.5.9　【切变】滤镜对话框

图9.5.10　执行【切变】的前后对比图

6. 球面化

【球面化】滤镜可以通过立体化球面的镜头状态来扭曲图像,使图像具有 3D 效果。执行【滤镜】→【扭曲】→【球面化】命令,打开【球面化】滤镜对话框,如图 9.5.11 所示。

【数量】:调整的值越大,滤镜效果越强烈。

【模式】:该项可设置图像变形的方向,垂直或水平。

图 9.5.12 为【球面化】滤镜设置"数量"为"100","模式"为"正常"的执行前后对比效果。

图9.5.11　【球面化】滤镜对话框

图9.5.12　执行【球面化】的前后对比图

7. 水波

【水波】滤镜可以模拟水面上产生的漩涡波纹效果。执行【滤镜】→【扭曲】→【水波】命令，打开【水波】滤镜对话框，如图9.5.13所示。

【数量】：可设置波纹的波幅。

【起伏】：可调整控制波纹的密度。

【样式】：控制波纹在图像中旋转的位置。

图9.5.14为【水波】滤镜设置"数量"为"100"，"起伏"为"8"，"样式"为"水池波纹"的执行前后对比效果。

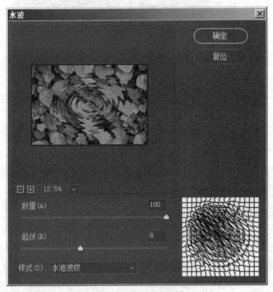

图9.5.13　【水波】滤镜对话框

图9.5.14　执行【水波】的前后对比图

8. 旋转扭曲

【旋转扭曲】滤镜可以使图像产生顺时针或逆时针旋转效果，旋转会围绕图像的中心进行，中心旋转的程度比边缘大。执行【滤镜】→【扭曲】→【旋转扭曲】命令，打开【旋转扭曲】对话框，如图9.5.15所示。

【角度】：该项角度的值为正值时沿顺时针方向扭曲，为负值时沿逆时针方向扭曲。

图9.5.16为【旋转扭曲】滤镜设置"角度"为"999"的执行前后对比效果。

9. 置换

【置换】滤镜是根据另一图像（置换图）的灰度值将当前图像的像素重新排列并产生位移。

置换原理：置换图决定了当前目标图像中像素移动的距离和方向。①对于灰度模式的置换图来说，较亮的像素会使目标图像中的像素向左上方移动，当颜色为纯白色时，"水平比例"和"垂直比例"为100%时，移动距离最大，为128 px。中性灰（50%灰色）时的像素保持原位置不变。较暗的像素会使目标图像中的像素向右下方移动，当颜色为纯黑色时，并且"水平比例"和"垂直比例"为100%时，移动距离最大，为128 px。②对于彩色置换图来说，像素的移动方向和距离取决于红色和绿色通道的亮度值。红通道控制水平置换,绿通道控制垂直置换,蓝色通道不起作用。在红色通道中,如果"水平比例"的值为正值,白色使目标图像中的像素向左移,黑色向右移;如果"水平比例"的值为负值,则结果刚好相反,白色向右移,黑色向左移。在绿色通道中,如果"垂直比例"的值为正值,白色使目标图像中的像素向上移,黑色向下移;否则方向刚好相反。移动的距离和灰度模式的置换图的道理一样。

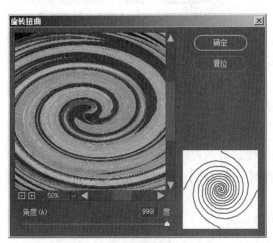

图9.5.15 【旋转扭曲】滤镜对话框

图9.5.16 执行【旋转扭曲】的
前后对比图

置换图准备:在使用该滤镜前需准备好用于置换的 PSD 文件。灰度模式置换图的制作(如图 9.5.17 所示):执行【图像】→【模式】→【灰度】命令将图像转为灰度图,再执行【文件】→【存储为】命令将灰度图存储为"*.psd"文件。

图9.5.17 灰度模式置换图的制作

置换过程:重新打开砖墙素材文件,输入文字后将其栅格化。然后,执行【滤镜】→【扭曲】→【置换】命令,打开【置换】滤镜对话框,如图 9.5.18 所示。设置"水平比例"为"10","垂直比例"为"10","置换图"为默认的"伸展以适合","未定义区域"为"重复边缘像素"。单击确定后选择准备好的 PSD 置换图文件进行置换,图 9.5.19 为置换后设置其图层混合模式为"正片叠底"的效果。

【水平比例】:水平方向像素移动的系数,该参数单位为百分比。

【垂直比例】:垂直方向像素移动的系数,该参数单位为百分比。

图9.5.18　【置换】滤镜对话框

图9.5.19　执行【置换】后的效果

【置换图】：当置换图的大小与置换区域的大小不同，则指定置换图适合图像的方式：选择"伸展以适合"将调整置换图的大小使之与置换区域相同；选择"拼贴"则通过在图案中重复使用置换图来填充选区。

【未定义区域】：确定处理图像中未扭曲区域的方法。

10. 玻璃

【玻璃】滤镜可以制作细小的纹理，为图像添加一种玻璃效果，表现为透过不同类型的玻璃来观看的效果。执行【滤镜】→【滤镜库】→【扭曲】→【玻璃】命令，打开【玻璃】滤镜对话框，如图 9.5.20 所示。

【扭曲度】：调整的值越大，扭曲的效果越强烈。

【平滑度】：调整滤镜效果的柔和程度。

【纹理】：根据玻璃的形态，可选择已提供的类型来使用。

【缩放】：调整的值越大，纹理随之变大。

【反相】：翻转应用选定的纹理。

图 9.5.21 为【玻璃】滤镜设置"扭曲度"为"10"，"平滑度"为"3"，"纹理"为"磨砂"，"缩放"为"100%"的执行前后对比效果。

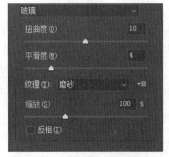

图9.5.20　【玻璃】滤镜对话框

图9.5.21　执行【玻璃】滤镜的前后
对比图

11. 海洋波纹

【海洋波纹】滤镜可扭曲图像表面, 表现出图像被海浪折射的效果。执行【滤镜】→【滤镜库】→【扭曲】→【海洋波纹】命令, 打开海洋【海洋波纹】滤镜对话框, 如图 9.5.22 所示。

图9.5.22 【海洋波纹】滤镜对话框

【波纹大小】: 该项可控制图像中生成的波纹大小。

【波纹幅度】: 调整的值越大, 海浪强度越大。

图 9.5.23 为【海洋波纹】滤镜设置 "波纹大小" 为 "15", "波纹幅度" 为 "20" 的执行前后对比效果。

图9.5.23 使用【海洋波纹】滤镜的前后对比图

12. 扩散亮光

【扩散亮光】滤镜是利用背景色的颜色从图像中较亮的区域进行扩散, 从而创建出一种柔和的扩散效果。执行【滤镜】→【滤镜库】→【扭曲】→【扩散亮光】命令, 打开【扩散亮光】滤镜对话框, 如图 9.5.24 所示。

【粒度】: 设置光亮中的颗粒密度。值越大, 颗粒效果越明显。取值范围为 "0 ~ 10"。

【发光量】: 设置光亮的强度。值越大, 光芒越强烈。取值范围为 "0 ~ 20"。

【清除数量】: 设置图像中受亮光影响的范围。值越大, 受影响的范围越小, 图像越清晰。取值范围为 "0 ~ 20"。

图 9.5.25 为设置工具箱中的 "背景色" 为 "白色", 【扩散亮光】对话框中的 "粒度" 为 "0", "发光量" 为 "9", "清除数量" 为 "20" 的滤镜执行前后对比效果。

图9.5.24 【扩散亮光】滤镜对话框

图9.5.25 执行【扩散亮光】滤镜的前后对比图

操作实践

1. 制作波浪特效背景效果

1）新建文件

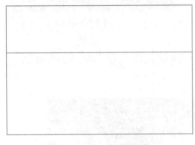

图9.5.26　绘制线条

执行【文件】→【新建】命令（或按"Ctrl"+"N"快捷键），新建一个宽和高为600 px×600 px, RGB模式的文件。

2）制作波浪线条

①将"前景色"置为"红色"，新建"图层1"，选择【铅笔工具】，设置"笔尖大小"为"1"，按"Shift"键绘制一条红色直线，如图9.5.26所示。

②执行【滤镜】→【扭曲】→【波浪】命令，打开【波浪】对话框，设置如图9.5.27所示，效果如图9.5.28所示。

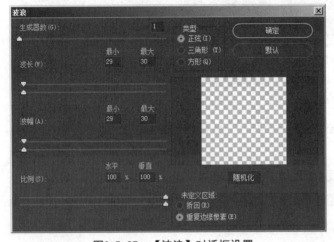

图9.5.27　【波浪】对话框设置

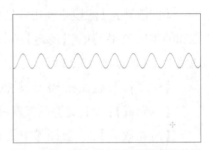

图9.5.28　使用【波浪】滤镜后的效果

③拖动"图层1"至图层面板下方的【创建新图层】🗂上释放，复制生成"图层1拷贝"，然后执行【编辑】→【自由变换】命令（或按"Ctrl"+"T"快捷键），再按5次键盘上的向右方向键"→"，向右平移5个像素，如图9.5.29所示。

④重复按4次"Ctrl"+"Shift"+"Alt"+"T"快捷键，实现4次再次变换，效果如图9.5.30所示。

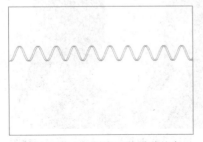

图9.5.29　复制图层并平移线条

图9.5.30　执行再次变换后的效果

⑤选择"图层1"及其副本,执行【图层】→【合并图层】命令(按"Ctrl"+"E"快捷键),合并后图层名称为"图层1拷贝5"。

⑥执行【滤镜】→【扭曲】→【极坐标】命令,打开【极坐标】对话框,选择"平面坐标到极坐标"选项,效果如图9.5.31所示。

⑦复制"图层1拷贝5",生成"图层1拷贝6",执行【编辑】→【自由变换】命令(或按"Ctrl"+"T"快捷键)旋转图像,最终效果如图9.5.32所示。

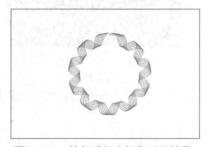

图9.5.31 执行【极坐标】后的效果

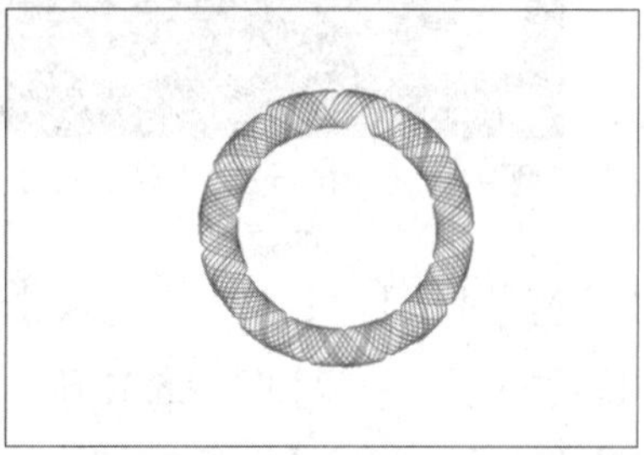

图9.5.32 完成的最终效果

3)保存文件

执行【文件】→【存储为】命令保存文件。

2. 制作热气腾腾效果

1)新建文件

执行【文件】→【新建】命令(或按"Ctrl"+"N"快捷键),新建500 px×500 px,背景为"黑色"的RGB文件。

2)制作热气腾腾效果

①新建图层1,选择【画笔工具】,打开画笔调板,选择"硬边圆笔刷",大小为"25 px",并勾选【形状动态】选项,将"大小抖动"调至"100%",如图9.5.33所示,然后在画布中绘制如图9.5.34所示线条。

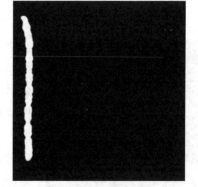

图9.5.33 画笔调板的设置

图9.5.34 绘制线条

②执行【滤镜】→【风格化】→【风】命令,设置"方法"为"风","方向"为"从左",执行3次【风】命令,效果如图9.5.35所示。

③执行【滤镜】→【模糊】→【高斯模糊】命令,设置"半径"为"2",效果如图9.5.36所示。

图9.5.35 执行3次【风】命令
的效果

图9.5.36 使用【高斯模糊】
滤镜后的效果

④执行【滤镜】→【扭曲】→【水波】命令,设置"数量"为"10","起伏"为"2","样式"
选择"围绕中心",效果如图9.5.37所示。

⑤执行【图像】→【图像旋转】→【逆时针90°】命令,逆时针旋转画布,然后使用【套
索工具】选取所需部分,如图9.5.38所示。

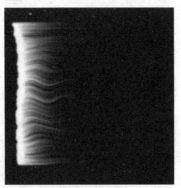

图9.5.37 使用【水波】滤镜
的效果

图9.5.38 使用【套索工具】
圈出所需区域

图9.5.39 完成的最终效果

⑥打开"\素材\第9章下"的"咖啡.jpg"文件,使用
【移动工具】将选中的内容通过拖动的复制方式,拖至咖
啡的上方,使用笔尖为"柔边圆"的【橡皮擦工具】擦除多
余区域,并按"Ctrl"+"T"快捷键调整蒸汽的大小,效果如
图9.5.39所示。

3)保存文件

执行【文件】→【存储为】命令保存文件。

3. 制作海水波浪效果

1)新建文件

执行【文件】→【新建】命令(或按"Ctrl"+"N"快捷键),
新建"1 000 px×2 000 px",背景为"黑色"的文件。

2）制作水纹纹理置换图

①执行【滤镜】→【杂色】→【添加杂色】命令，设置"数量"为"400"，"分布"选择"高斯分布"，勾选"单色"，效果如图 9.5.40 所示。

②执行【滤镜】→【模糊】→【高斯模糊】命令，设置"半径"为"1.5"，效果如图 9.5.41 所示。

图9.5.40　使用【杂色】滤镜
效果（部分）

图9.5.41　使用【高斯模糊】
滤镜效果（部分）

③切换通道面板，选择红通道，执行【滤镜】→【风格化】→【浮雕效果】命令，设置"角度"为"180"，"高度"为"1"，"数量"为"500"，效果如图 9.5.42 所示。

④选择绿通道，执行【滤镜】→【风格化】→【浮雕效果】命令，设置"角度"为"-90"，"高度"为"1"，"数量"为"500"，效果如图 9.5.43 所示。

图9.5.42　红通道使用【浮雕效
果】滤镜（部分）

图9.5.43　红通道使用【浮雕效
果】滤镜（部分）

⑤蓝通道填充黑色，返回 RGB 复合通道，效果如图 9.5.44 所示。

⑥按"Alt"键的同时滚动鼠标滑轮，缩小画面。然后，双击背景图层解锁，执行【编辑】→【变换】→【透视】命令，向外拖动变形框下方的控制点，将其宽度（W）调整为"600%"，如图 9.5.45 所示，确认后按"Ctrl"键并单击图层缩览图载入选区，然后，执行【图像】→【裁剪】命令裁剪多余的区域。

⑦重复第⑥步的操作。然后，按"Ctrl"+"T"快捷键，将其高度（H）调整为"50%"，执行【图像】→【裁剪】命令，效果如图 9.5.46 所示。

⑧切换通道面板，选择红通道，按"Q"键进入快速蒙版编辑模式，由上到下拉出一条白色到黑色的线性渐变，效果如图 9.5.47 所示。

图9.5.44　蓝通道填充黑色后的
整体效果（部分）

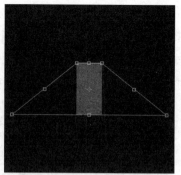

图9.5.45　执行【透视】命令

图9.5.46　执行变换命令后效果

图9.5.47　编辑快速蒙版

⑨按"Q"键退出快速蒙版编辑模式，在红通道填充 50% 灰色（128，128，128），效果如图 9.5.48 所示。

⑩选择绿通道，按"Q"键进入快速蒙版编辑模式，从画面顶部到画面 1/3 处拉出一条白色到黑色的线性渐变，如图 9.5.49 所示。

图9.5.48　在红通道中填充50%的
灰色

图9.5.49　编辑快速蒙版

⑪按"Q"键退出快速蒙版编辑模式，在绿通道填充灰色（128，128，128），如图 9.5.50 所示。

⑫返回 RGB 复合通道，再次执行【滤镜】→【模糊】→【高斯模糊】命令，设置"半径"为"1.5"，执行后效果如图 9.5.51 所示。将文件保存名为"置换图"的 PSD 格式文件。

图9.5.50 在红通道中填充50%的
灰色

图9.5.51 完成的"置换图"效果

3）制作透明海水效果

①执行【文件】→【打开】命令（或按"Ctrl"+"O"快捷键），打开"\ 素材 \ 第 9 章下"的
"海边 . jpg" 文件，并使用【套索工具】创建海水选区，如图 9.5.52 所示。

②渐变填充海水区域。设置前景色为（115, 185, 190），背景色为（125, 195, 230），新建
"图层 1"，选择【渐变工具】，在属性栏中设置颜色使用"前景色到背景色渐变"，渐变类型
使用"线性渐变"，设置完毕后在画布的选区中自上而下拖动填充渐变，如图 9.5.53 所示。

图9.5.52 创建海水选区

图9.5.53 渐变填充海水区域

③选择背景图层，根据海水选区，按"Ctrl"+"J"快捷键复制生成"图层 2"，并调整"图
层 2"至"图层 1"上方。

④创建海水清澈透明效果。为"图层 2"添加蒙版，并使用【渐变工具】在蒙版上的图
层选区内，从上往下拉出白到黑的渐变。图层面板如图 9.5.54 所示，效果如图 9.5.55 所示。

图9.5.54 创建蒙版后的
图层面板

图9.5.55 创建海水清澈透明效果

4）制作水波效果

①选择"图层1"，在海水选区未取消状态下，执行【滤镜】→【扭曲】→【置换】命令，打开【置换】对话框，设置"水平比例"为"25"，"垂直比例"为"50"，其他参数默认不变，如图9.5.56所示，单击【确定】后，将前面的"置换图.psd"文件添加进来。

②第一次置换完毕，由于感觉波浪的强度不够，因此，按"Alt"+"Ctrl"+"F"快捷键，再重复应用该置换滤镜2次，然后按"Ctrl"+"D"快捷键取消选区，最后效果如图9.5.57所示。

5）保存文件

执行【文件】→【存储为】命令保存文件。

图9.5.56 设置【置换】对话框

图9.5.57 完成海水的制作效果

4. 制作蚊香

1）新建文件

执行【文件】→【新建】命令（或按"Ctrl"+"N"快捷键），新建800 px×600 px，背景为"白色"的文件。

2）制作蚊香

①新建"图层1"，选择【钢笔工具】，按"Ctrl"+"'"快捷键打开网格，根据网格绘制4条微斜路径（按"Ctrl"键在任意处单击即可闭合路径），如图9.5.58所示。

②进入路径面板，设置画笔的笔刷为"硬边圆笔刷"，大小为"30像素"，单击面板下方的【用画笔描边路径】，效果如图9.5.59所示。

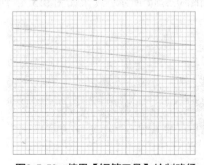

图9.5.58 使用【钢笔工具】绘制路径

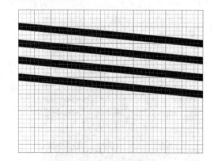

图9.5.59 描边路径

③按"Ctrl"+"'"快捷键关闭网格，删除路径，执行【滤镜】→【扭曲】→【极坐标】命令，

选择"平面坐标到极坐标"，效果如图9.5.60所示。

④选择【钢板工具】，绘制蚊香头并填充黑色，效果如图9.5.61所示。

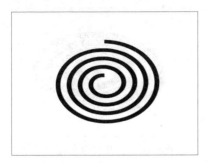

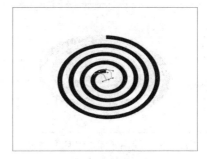

图9.5.60 使用【极坐标】滤镜后
的效果

图9.5.61 绘制蚊香头

⑤按"Ctrl"+"T"快捷键打开自由变换，通过水平、垂直翻转、斜切等变换蚊香，使之符合透视，如图9.5.62所示。

⑥按"Ctrl"键并单击蚊香图层载入选区后，按"Ctrl"+"T"快捷键执行【自由变换】命令，按"↑"键2次，回车确定变换后，再按"Ctrl"+"Alt"+"Shift"+"T"快捷键执行【再次变换】命令5次，制作蚊香立体感，效果如图9.5.63所示。

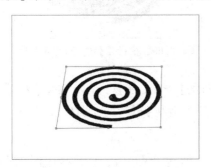

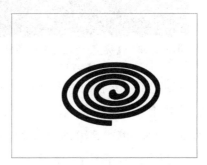

图9.5.62 自由变换调整图像

图9.5.63 制作蚊香立体感

⑦保持原有选区，选择【渐变工具】，设置三色渐变，从左往右三色分别为（35，35，35）（37，37，37）（79，79，79），如图9.5.64所示，并选择"线性渐变"填充该选区，效果如图9.5.65所示。

图9.5.64 编辑渐变

图9.5.65 绘制线性渐变

⑧保持原有选区，执行【滤镜】→【杂色】→【添加杂色】命令，设置"数量"为"15"，"分布"选择"平均分布"，勾选"单色"；然后再执行【滤镜】→【模糊】→【高斯模糊】命令，"模

糊半径"为"2像素",确定后取消选区,效果如图9.5.66所示。

⑨选择【多边形套索工具】,在蚊香尾部绘制不规则选区,如图9.5.67所示。

图9.5.66 使用【添加杂色】滤镜
后的效果

图9.5.67 执行杂色滤镜效果

⑩执行【图像】→【调整】→【亮度/对比度】命令,勾选"使用旧版",并将"亮度"调至"88",如图9.5.68所示,效果如图9.5.69所示。

图9.5.68 【亮度/对比度】对话框
设置

图9.5.69 执行【亮度/对比度】后
的效果

⑪平移选区,并执行【选择】→【修改】→【羽化】命令,在打开的【羽化】对话框中设置"羽化半径"为"5像素",确定后再次以同样的参数执行【亮度/对比度】命令,将该区域调亮,效果如图9.5.70所示,取消选区。

⑫选择【套索工具】,设置"羽化"值为"2",创建如图9.5.71所示选区,然后执行【图像】→【调整】→【色彩平衡】命令,设置中间调和高光的色阶均为(100,0,-40),效果如图9.5.72所示。

图9.5.70 再次调亮平移后的选区

图9.5.71 创建选区

⑬选择【橡皮擦工具】,使用"喷溅27像素"笔刷,轻轻擦除蚊香尾部的灰烬部分,效果如图9.5.73所示。

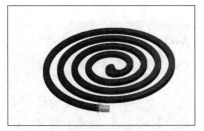

图9.5.72 使用【色彩平衡】点燃蚊香

图9.5.73 使用【橡皮擦工具】擦除部分灰烬

⑭新建图层2,选择【画笔工具】,使用柔边圆9像素笔刷,绘制如图9.5.74所示线条,再选择【涂抹工具】,使用默认强度,使用合适的笔刷涂抹线条,使之变为烟雾效果,如图9.5.75所示。

图9.5.74 使用【画笔工具】绘制线条

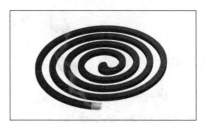

图9.5.75 使用【涂抹工具】涂出烟雾效果

3)修饰蚊香

①打开"\素材\第9章下"的"木板.jpg"文件,使用【移动工具】✥拖入蚊香文件中,并执行【编辑】→【自由变换】命令(或按"Ctrl"+"T"快捷键)调整其大小和位置,效果如图9.5.76所示。

图9.5.76 添加木板地板

图9.5.77 添加蚊香座

②同样使用【移动工具】✥将"蚊香座.jpg"拖入蚊香文件中,并执行【编辑】→【变换】→【水平翻转】命令水平翻转蚊香座,并调整其大小和位置,效果如图9.5.77所示。

③添加图层样式【投影】,设置"混合样式"为正片叠底,"不透明度"为"20%","角度"为"6","距离"为"79","扩展"为"0","大小"为"8",其他参数不变,对话框的部分参数设置如图9.5.78所示,效果如图9.5.79所示。

图9.5.78 【投影】对话框部分参数设置

图9.5.79 添加【投影】后的最终效果

4）保存文件

执行【文件】→【存储为】命令保存文件。

9.6 锐化滤镜组

知识要点

- 认识锐化滤镜组的相关知识；
- 掌握锐化滤镜的应用。

知识链接

1.USM 锐化

【USM 锐化】滤镜能够使图像在相邻像素之间增大对比度，让模糊图像变得更清晰。执行【滤镜】→【锐化】→【USM 锐化】命令，打开【USM 锐化】滤镜对话框，如图 9.6.1 所示。

【数量】：可通过数值来调整锐化的强度。

【半径】：可设置像素的平均范围。

【阈值】：可设置应用在平均颜色的范围。

图 9.6.2 为【USM 锐化】滤镜设置"数量"为"190"，"半径"为"3"，"阈值"为"0"的执行前后对比效果。

2. 防抖

【防抖】滤镜可以有效降低因抖动而产生的模糊。执行【滤镜】→【锐化】→【防抖】命令，打开【防抖】滤镜对话框，如图 9.6.3 所示。

【模糊临摹边界】：该选项设定勾勒图像的大体轮廓，取值范围为"10～199"，数值越大锐化效果越明显。当该参数取值较高时，图像边缘的对比会明显加深，并会产生一定的晕影，因此在取值时除了要保证画面足够清晰外，还要考虑不产生明显晕影。

【源杂色】：调整原图像的质量，默认为"自动"。

【平滑】：对临摹边界所导致杂色的一个修正，类似去噪。取值范围为"0%～100%"，值越大去除杂色效果越好，但细节损失也大，因此需要把握平衡点。

图9.6.1 【USM锐化】滤镜对话框

图9.6.2 使用【USM锐化】滤镜的前后对比图

【伪像抑制】：用来处理锐化过度的平衡问题，取值范围为 "0% ~ 100%"。

【高级】：手工指定一个或多个取样范围。

图9.6.4为【防抖】滤镜设置 "模糊描摹边界" 为 "31"，"平滑" 为 "30"，"伪像抑制" 为 "30"，创建和指定多个取样范围的应用前后对比效果。

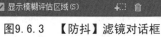

图9.6.3 【防抖】滤镜对话框

图9.6.4 使用【防抖】滤镜的前后对比图

3. 进一步锐化

【进一步锐化】滤镜可聚焦选区并提高其清晰度，比【锐化】滤镜应用更强的锐化效果。该滤镜没有参数对话框，直接使用即可。

4. 锐化

【锐化】滤镜可提高图像的颜色对比，使画面更加鲜明。该滤镜没有参数对话框，直接使用即可。

5. 锐化边缘

【锐化边缘】滤镜可查找图像中的颜色发生变化显著的区域，将其锐化，只锐化图像边缘，保留总体的平滑度。该滤镜没有参数对话框，直接使用即可。

6. 智能锐化

【智能锐化】滤镜可设置锐化算法或控制在阴影和高光区域中进行的锐化量，以获得更好的锐化效果。执行【滤镜】→【锐化】→【智能锐化】命令，打开【智能锐化】滤镜对话框，如图 9.6.5 所示。

【数量】：该项设置锐化量，值越大，像素边缘的对比度越强。

【半径】：可设置边缘像素受锐化影响的范围，半径越大，受影响的边缘就越宽。

【移去】：设置图像进行锐化的算法。

【角度】：为"移去"选项设置运动的方向。

图 9.6.6 为使用【智能锐化】滤镜默认参数的前后对比效果。

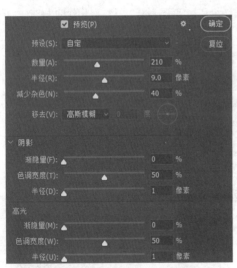

图9.6.5 【智能锐化】滤镜对话框

图9.6.6 使用【智能锐化】滤镜的
前后对比图

操作实践

1. 制作清晰照片

1）打开素材

执行【文件】→【打开】命令（或按"Ctrl"+"O"快捷键），打开"\ 素材 \9.6下"的"美女 . jpg"文件。

2）制作清晰效果

执行【滤镜】→【锐化】→【智能锐化】命令，打开【智能锐化】滤镜对话框，设置参数如图 9.6.7 所示，前后效果如图 9.6.8 所示。

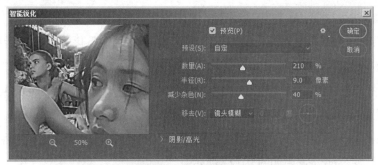

图9.6.7 【智能锐化】滤镜对话框参数设置

图9.6.8 锐化前后效果对比

3）保存文件

执行【文件】→【存储为】命令保存文件。

2. 制作毛笔字体效果

1）打开素材

执行【文件】→【打开】命令（或按 "Ctrl" + "O" 快捷键），打开 "\ 素材 \9.6 下" 的 "宣纸 .jpg" 文件。

2）输入文字

选择【横排文字工具】，在画布中输入 "天道酬勤" 4 个文字，如图 9.6.9 所示。

图9.6.9 输入文字

3)制作毛笔字边缘效果

①右击"天道酬勤"文字图层，在弹出菜单中选择"栅格化文字"命令，将文字图层栅格化，变成普通图层。

②按"Ctrl"键的同时，单击"天道酬勤"图层的缩览图，载入文字内容选区。

③执行【选择】→【修改】→【羽化】命令，在弹出的【羽化选区】对话框中输入"羽化半径"为"6"，如图9.6.10所示。

④执行【选择】→【反选】命令，并按"Delete"键删除。部分效果如图9.6.11所示。

4)制作毛笔字墨迹效果

执行【滤镜】→【锐化】→【USM 锐化】命令，在打开的【USM 锐化】对话框中，键入适当的值，具体设置及部分效果如图9.6.12所示。

图9.6.10　【羽化选区】对话框
参数设置

图9.6.11　边缘淡化效果

图9.6.12　【USM锐化】参数设置及效果

5)制作毛笔字墨迹扩散效果

①执行【滤镜】→【风格化】→【扩散】命令，在打开的【扩散】对话框中，选择"正常"模式，具体设置及部分效果如图9.6.13所示。

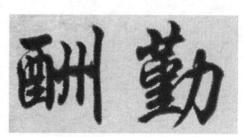

图9.6.13 【扩散】参数设置及效果

②执行【滤镜】→【模糊】→【径向模糊】命令，在打开的【径向模糊】对话框中，选择"模糊方法"为"缩放"，并输入"数量"为"2"，具体设置及部分效果如图9.6.14所示。

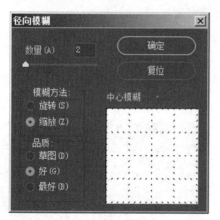

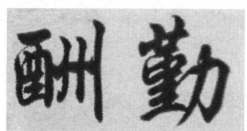

图9.6.14 【径向模糊】参数设置及效果

6）保存文件

执行【文件】→【存储为】命令保存文件。

9.7 渲染滤镜组

知识要点

- 认识渲染滤镜组；
- 掌握渲染滤镜的应用。

知识链接

1. 分层云彩

【分层云彩】滤镜使用前景色和背景色相融合，随机生成云彩状图案，并填充到当前图层或选区中。该滤镜没有参数对话框，直接使用即可。

2. 云彩

【云彩】滤镜与分层云彩滤镜类似，都是使用前景色和背景色随机产生云彩图案。该滤镜没有参数对话框，直接使用即可。

图9.7.1为使用【云彩】滤镜时，设置前景色为蓝色（25，125，200），背景色为白色（244，248，255）的效果。

图9.7.1 云彩效果

3. 镜头光晕

【镜头光晕】滤镜可以在图像上表现折射光效果。执行【滤镜】→【渲染】→【镜头光晕】命令，打开【镜头光晕】滤镜对话框，如图9.7.2所示。

【预览窗口】：在预览窗口可利用十字形的光标来设置折射光的位置。

【亮度】：可调整光的亮度值。

【镜头类型】：可选择不同的镜头类型。

图9.7.3为【镜头光晕】滤镜设置"亮度"为"100%"，"镜头类型"选择"50-300毫米变焦（Z）"的执行前后对比效果。

图9.7.2 【镜头光晕】滤镜对话框

图9.7.3 使用【镜头光晕】滤镜的前后对比图

4. 纤维

【纤维】滤镜可以利用前景色和背景色在图像上创建出纤维材质效果。执行【滤镜】→【渲染】→【纤维】命令,打开【纤维】滤镜对话框,如图 9.7.4 所示。

【差异】:调整的参数越大,创建的纤维材质越多。

【强度】:调整的参数越大,纤维的效果越强烈。

图 9.7.5 为使用【纤维】滤镜时,设置前景色为(215,168,92),背景色为(197,145,62),采用默认参数的效果。

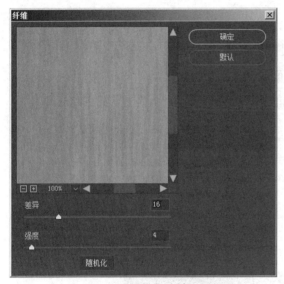

图9.7.4　【纤维】滤镜对话框

图9.7.5　执行【纤维】滤镜后的效果

5. 光照效果

【光照效果】滤镜可以在 RGB 图像上产生无数种光照效果,也可以使用灰度文件的纹理(称为凹凸图)产生类似 3D 的效果。执行【滤镜】→【渲染】→【光照效果】命令,打开光照效果对话框,其对话框及属性栏如图 9.7.6、图 9.7.7 所示。

Photoshop CC 提供了 3 种光源:"聚光灯""点光"和"无限光",可以在对话框的"光照类型"下拉列表中选择,也可以在属性栏的"光照"选项中选择。其中,"聚光灯"可以投射一束椭圆形的光柱,在工作区按住鼠标左键并拖动,将出现手柄,可拖动手柄增大光照强度、旋转光照或移动光照等;"点光"可以使光在图像的正上方向各个方向照射,在工作区中按住鼠标左键并拖

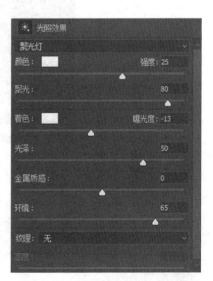

图9.7.6　【光照效果】滤镜对话框

动, 将出现手柄, 拖动定义效果边缘的手柄, 可以增加或减少光照大小, 拖动中央圆圈可以移动光源; "无限光"是从远处照射的光, 拖动中央圆圈可以移动光源, 拖动线段末端的手柄可以旋转光照角度和高度。

图9.7.7　【光照效果】滤镜属性栏

【颜色】: 用于调整灯光的强度, 该值越高光线越强。单击该选项左侧的颜色块, 可在打开的"拾色器"中调整灯光的颜色。

【聚光】: 可以调整灯光的照射范围。

【着色】: 单击左侧的颜色块, 可以在打开的"拾色器"中设置环境光的颜色。

【光泽】: 用来设置灯光在图像表面的反射程度。

【金属质感】: 用来设置灯光在图像表面的金属质感。

【环境】: 选取数值"100"表示只使用此光源, 选取数值"–100"表示移去此光源。

【纹理】: 应用纹理通道。

【预设】: 可预设的 17 种光照样式。

　：添加新的聚光灯。

　：添加新的点光。

　：添加新的无限光。

图 9.7.8 为【光照效果】滤镜使用默认参数执行前后的对比效果。

图9.7.8　使用【光照效果】的前后对比图

6. 火焰

【火焰】滤镜可以沿着用户路径制作逼真的火焰效果。执行【滤镜】→【渲染】→【火焰】命令, 打开【火焰】滤镜对话框, 其对话框如图 9.7.9 所示。可以在其基本选项中设置火焰的类型、大小、间距、角度等; 可以在高级选项中设置火焰的样式、形状、不透明度和排列方式等。

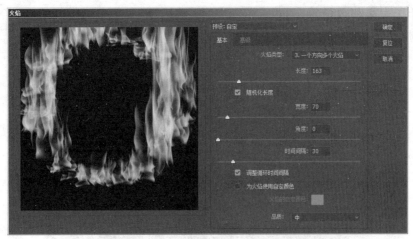

图9.7.9 【光照效果】滤镜对话框

图 9.7.10 为绘制圆形路径后，执行了"长度"为
"163"，并勾选了"随机化长度"，其他参数为默认的【火
焰】滤镜效果。

7. 图片框

【图片框】滤镜可以为图像添加各种各样的框线。
执行【滤镜】→【渲染】→【图片框】命令，打开【图片框】
滤镜对话框，其对话框如图 9.7.11 所示。可以在其基
本选项中设置边框的图案、大小、颜色等；可以在高级
选项中设置边框的角度和粗细等。图 9.7.11 所示对话框
左侧为选择了"小树丛"图案，其他参数默认的预览图。

图9.7.10 使用【火焰】滤镜的效果

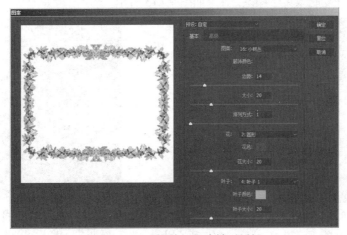

图9.7.11 【图片框】滤镜对话框

8. 树

【树】滤镜可以为图像添加各种各样的树。执行【滤镜】→【渲染】→【树】命令，打开
【树】滤镜对话框，其对话框如图 9.7.12 所示。可以在其基本选项中设置树的类型、光

照方向、叶子大小和数量等；可以在高级选项中设置树的叶子和树枝的颜色、阴影等。图 9.7.12 所示对话框左侧为选择了"橡树"类型，其他参数默认的预览图。

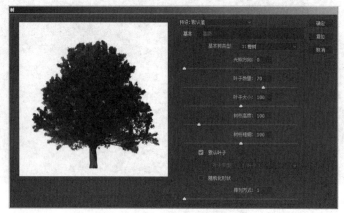

图9.7.12　【树】滤镜对话框

操作实践

燃烧的火焰字

1）新建文件

执行【文件】→【新建】命令（或按"Ctrl"+"N"快捷键），新建 600 px×600 px，分辨率为"150"，背景为"白色"的画布。

2）绘制火焰效果

①背景图层填充黑色，选择【文字工具】，输入文字"Photoshop"，大小为"32"，字体为"微软雅黑"，加粗，并复制该文字图层，效果如图 9.7.13 所示，图层面板如图 9.7.14 所示。

图9.7.13　输入文字

图9.7.14　输入文字后的图层面板

②复制文字图层"Photoshop"，生成"Photoshop 拷贝"，然后再将其与背景图层合并，执行【图层】→【合并图层】命令（或按"Ctrl"+"E"快捷键），图层面板如图 9.7.15 所示。

③执行【滤镜】→【风格化】→【风】命令，打开【风】滤镜对话框，设置"方法"

为"风","方向"为"从右",单击确定,按"Alt"+"Ctrl"+"F"快捷键重复 2 次风滤镜,效果如图 9.7.16 所示。

图9.7.15 合并后的图层面板

图9.7.16 使用【风】滤镜后的效果

④再次执行【滤镜】→【风格化】→【风】命令,设置"方法"为"风","方向"为"从左",单击确定,按"Alt"+"Ctrl"+"F"快捷键重复 2 次风滤镜,效果如图 9.7.17 所示。

⑤执行【图像】→【图像旋转】→【顺时针 90°】命令,再执行【滤镜】→【风格化】→【风】命令,设置"方法"为"风","方向"为"从左",单击确定,按"Alt"+"Ctrl"+"F"快捷键重复 2 次风滤镜;然后,同样方法使用"方向"为"从右"的【风】滤镜 3 次,效果如图 9.7.18 所示。

图9.7.17 再次使用【风】
滤镜后效果

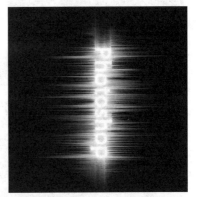

图9.7.18 添加上下风效果

⑥执行【图像】→【图像旋转】→【逆时针 90°】命令将画面旋转回来,再执行【滤镜】→【模糊】→【高斯模糊】命令,设置"半径"为"2",效果如图 9.7.19 所示。

⑦执行【图像】→【调整】→【渐变映射】命令,单击渐变条进入渐变编辑面板,在渐变条"0""33%""66%""100%"4 个位置上添加色标,对应的颜色值分别为:"#000000""#FF6600""#FFFF33""#FFFFFF",渐变编辑条如图 9.7.20 所示,效果如图 9.7.21 所示。

⑧选择文字图层,将文字颜色改为黑色,效果如图 9.7.22 所示。

⑨添加图层样式"内阴影"和"内发光",参数如图 9.7.23 所示,效果如图 9.7.24 所示。

图9.7.19 使用【高斯模糊】
滤镜后效果

图9.7.20 编辑【渐变映射】的颜色

图9.7.21 添加【渐变映射】
后的效果

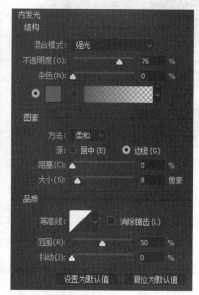

图9.7.22 更改文字颜色

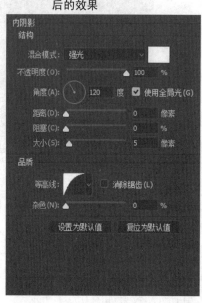

图9.7.23 设置图层样式的相关参数

3)绘制背景纹理

①双击背景图层,将其转为普通"图层0",再新建"图层1",将其移至"图层0"下方,把"图层0"和文字图层隐藏,如图9.7.25所示。

图9.7.24 添加图层样式后的效果

图9.7.25 调整图层顺序

②将前景色和背景色设置为默认的黑白色，然后执行【滤镜】→【渲染】→【云彩】命令，效果如图 9.7.26 所示。

③执行【滤镜】→【渲染】→【光照效果】命令，参数设置如图 9.7.27 所示，效果如图 9.7.28 所示。

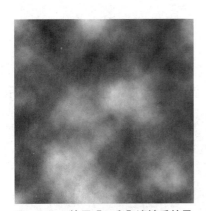

图9.7.26 使用【云彩】滤镜后效果

图9.7.27 【光照效果】对话框参数设置

④新建"图层2"，移至"图层1"下方，填充红色"#FF0000"，将所有图层显示出来，"图层0"的混合模式改为"线性减淡"，"图层1"改为"线性加深"，并修改其"不透明度"为"80%"，效果如图9.7.29所示。

⑤选择【裁剪工具】，将图像不需要的部分裁剪，效果如图9.7.30所示。

4）保存文件

执行【文件】→【存储为】命令保存文件。

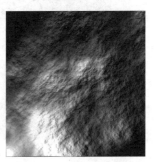

图9.7.28 使用【光照效果】滤镜后的效果

图9.7.29 修改图层混合模式后的效果

图9.7.30 完成的最终效果

9.8 杂色滤镜组

知识要点

- 认识杂色滤镜组;
- 掌握杂色滤镜的应用。

知识链接

1. 减少杂色

【减少杂色】滤镜可以针对整个图像或者各个通道在保留边缘的同时减少杂色。执行【滤镜】→【杂色】→【减少杂色】命令,打开【减少杂色】滤镜对话框,如图9.8.1所示。

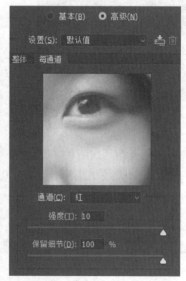

图9.8.1 【减少杂色】滤镜对话框

【强度】：用来控制应用于所有图像通道明亮度的杂色减少量。

【保留细节】：设置图像边缘和细节的保留程度。值越大，保留的细节越多，但明亮度的杂色去除最少。

【减少杂色】：用来消除随机的颜色像素，参数越大，减少的杂色越多。

【锐化细节】：用于对图像进行锐化。移去杂色会降低图像的锐化程度，此选项主要用于略恢复锐化程度，微度调整效果。

【移去JPEG不自然感】：勾选该项，可去除JPG图像因品质而导致的斑驳的伪像和光晕。

图9.8.2为执行【减少杂色】滤镜时，针对每个通道单独设置的效果，其中"红"通道的"强度"为"10"，"保留细节"为"100%"；"绿"通道的"强度"为"10"，"保留细节"为"50%"；"绿"通道的"强度"为"10"，"保留细节"为"40%"。

图9.8.2　使用【减少杂色】滤镜的前后对比图

2. 蒙尘与划痕

【蒙尘与划痕】滤镜可通过去除像素邻近区域差别较大的像素，以减少杂色，从而修复图像的细小缺陷。执行【滤镜】→【杂色】→【蒙尘与划痕】命令，打开【蒙尘与划痕】滤镜对话框，如图9.8.3所示。

【半径】：确定搜索不同像素的区域大小。值越大，图像越模糊，取值范围为"1～100"像素。

【阈值】：设置被消除的像素与其他像素的差别程度，值越大，去除杂点的能力越弱，取值范围为"0～128"色阶。

通过先创建脸部选区，然后设置执行【蒙尘与划痕】滤镜的"半径"为"3"，"阈值"为"2"，再执行应用。图9.8.4为应用该设置的前后效果。

3. 去斑

【祛斑】滤镜可以检测颜色变化显著的图像边缘并模糊移去杂色，同时保留细节。该滤镜没有参数对话框，直接使用即可。

4. 添加杂色

【添加杂色】滤镜可将随机像素应用于图像上，也可在空白图像上随机生成杂点。执行【滤镜】→【杂色】→【添加杂色】命令，打开【添加杂色】滤镜对话框，如图9.8.5所示。

图9.8.3 【蒙尘与划痕】滤镜对话框

图9.8.4 使用【蒙尘与划痕】
的前后对比图

【数量】：设置添加杂点的数量。

【分布】：可选择杂点的应用形态，包括"平均"和"高斯"。"平均"使用随机数值分布杂色的颜色值以获得细微效果。"高斯"沿一条钟形曲线分布杂色的颜色值以获得斑点状的效果。

【单色】：可通过单色来表现杂点。

图9.8.6为【添加杂色】滤镜设置"数量"为"50%"，"分布"选择"平均分布"，并勾选"单色"的执行前后对比效果。

图9.8.5 【添加杂色】滤镜对话框

图9.8.6 使用【添加杂色】的前后对比图

5. 中间值

【中间值】滤镜可通过混合选区中像素的亮度来减少图像的杂色。此滤镜搜索像素选区的半径范围以查找亮度相近的像素，扔掉与相邻像素差异太大的像素，并用搜索到的像素的中间亮度值替换中心像素。执行【滤镜】→【杂色】→【中间值】命令，打开【中间值】滤镜对话框，如图9.8.7所示。

【半径】：搜索像素的范围。

图9.8.8为【中间值】滤镜设置"半径"为"17"的执行前后对比效果。

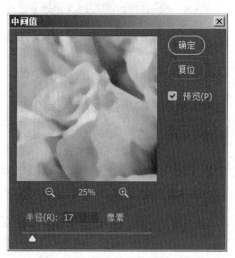

图9.8.7　【中间值】滤镜对话框

图9.8.8　使用【中间值】的
前后对比图

操作实践

制作条形码

1）新建文件

执行【文件】→【新建】命令（或按"Ctrl"+"N"快捷键），新建 400 px×300 px 的文件，将背景内容设置为白色。

2）绘制条形码

①执行【滤镜】→【杂色】→【添加杂色】命令，设置"数量"为"400%"，"分布"选择"平均分布"，勾选"单色"，效果如图9.8.9所示。

②使用【单行选择工具】在画布中单击，选择一行像素，然后执行【编辑】→【自由变换】命令（或按"Ctrl"+"T"快捷键），通过调整变形框的高度得到图9.8.10的效果。

③执行【图像】→【调整】→【阈值】命令，设置"阈值色阶"为"128"，使灰度值低于128的像素变成黑色，灰度值高于128的像素变成白色，确定后效果如图9.8.11所示。

④选择【矩形选框工具】，在图像中绘制一个矩形选区，如图9.8.12所示。

图9.8.9 执行【添加杂色】命令后的效果

图9.8.10 执行【自由变换】命令后的效果

图9.8.11 利用【阈值】命令调整后的效果

图9.8.12 绘制选区

⑤按"Ctrl"+"J"快捷键拷贝选区的内容并生成新的"图层1",然后将背景图层填充为白色,效果如图9.8.13所示。

⑥选择【文字工具】,设置"字体"为"微软雅黑","大小"为"30",并录入文字"AFC7150124"效果如图9.8.14所示。

图9.8.13 填充背景颜色

图9.8.14 输入文字完成最终效果

3)保存文件

执行【文件】→【存储为】命令保存文件。

9.9 画笔描边滤镜组

知识要点

- 认识画笔描边滤镜组;
- 掌握画笔描边滤镜的应用。

知识链接

1. 成角的线条

【成角的线条】滤镜使用对角描边重新绘制图像，用相反方向的线条来绘制亮区和暗区。执行【滤镜】→【滤镜库】→【画笔描边】→【成角的线条】命令，打开【成角的线条】滤镜对话框，如图9.9.1所示。

图9.9.1 【成角的线条】
滤镜对话框

【方向平衡】：设置生成线条的倾斜角度。取值范围为"0～100"；当值为0时，线条从左上方向右下方倾斜；当值为100时，线条方向从右上方向左下方倾斜；当值为50时，两个方向的线条数量相等。

【描边长度】：设置生成线条的长度。值越大，线条的长度越长。

【锐化长度】：设置生成线条的清晰程度。值越大，笔画越明显。

图9.9.2为【成角的线条】滤镜设置"方向平衡"为"60"，"描边长度"为"30"，"锐化程度"为"10"的执行前后对比效果。

图9.9.2 使用【成角的线条】滤镜前后的对比图

2. 墨水轮廓

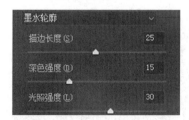

图9.9.3 【墨水轮廓】滤镜
对话框

【墨水轮廓】滤镜可以在图像上制作出类似钢笔勾勒的效果。执行【滤镜】→【滤镜库】→【画笔描边】→【墨水轮廓】命令，打开【墨水轮廓】滤镜对话框，如图9.9.3所示。

【描边长度】：设置图像中边缘倾斜的长度。

【深色强度】：设置图像中暗区部分的强度。数值越大，绘制的斜线颜色越黑。

【光照强度】：设置图像中亮区部分的强度。数值越大，浅色区域亮度值越高。

图9.9.4为【墨水轮廓】滤镜设置"描边长度"为"25"，"深色强度"为"15"，"光照强度"为"30"的执行前后对比效果。

图9.9.4 使用【墨水轮廓】滤镜前后的对比图

3. 喷溅

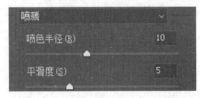

图9.9.5 【喷溅】滤镜对话框

【喷溅】滤镜模拟使用喷枪喷射,在图像上产生喷溅效果。执行【滤镜】→【滤镜库】→【画笔描边】→【喷溅】命令,打开【喷溅】滤镜对话框,如图9.9.5所示。

【喷色半径】:设置喷溅的范围。该数值越大,图像产生的喷溅效果越明显。

【平滑度】:设置喷溅效果的柔和度。数值较小时,将产生许多小彩点的效果;数值较大时,产生类似水中倒影的效果。

图9.9.6为【喷溅】滤镜设置"喷色半径"为"10","平滑度"为"5"的执行前后对比效果。

图9.9.6 使用【喷溅】滤镜前后的对比图

4. 喷色描边

【喷色描边】滤镜使用图像的主导色,用成角的、喷溅的颜色线条重新绘画图像。执行【滤镜】→【滤镜库】→【画笔描边】→【喷色描边】命令,打开【喷色描边】滤镜对话框,如图9.9.7所示。

图9.9.7 【喷色描边】滤镜对话框

【描边长度】:设置图像中描边的长度。

【喷色半径】:设置图像颜色喷溅的程度。

【描边方向】:设置描边的方向,包括"右对角线""水平""左对角线"和"垂直"4个选项。

图9.9.8为【喷色描边】滤镜设置"描边长度"为"20","喷色半径"为"22","描述方向"为"水平"的执行前后对比效果。

图9.9.8　使用【喷色描边】滤镜前后的对比图

5. 强化的边缘

【强化的边缘】滤镜可以勾勒强化图像的边缘。执行【滤镜】→【滤镜库】→【画笔描边】→【强化的边缘】命令，打开【强化的边缘】滤镜对话框，如图 9.9.9 所示。

【边缘宽度】：设置强化边缘的宽度。值越大，边缘的宽度就越大。

【边缘亮度】：设置强化边缘的亮度。值越大，边缘的亮度也就越大。设置高的边缘亮度控制值时，强化效果类似白色粉笔；设置低的边缘亮度控制值时，强化效果类似黑色油墨。

图9.9.9　【强化的边缘】滤镜对话框

【平滑度】：设置强化边缘的平滑程度。值越大，边缘的数量越少，边缘就越平滑。

图 9.9.10 为【强化的边缘】滤镜设置"边缘宽度"为"5"，"边缘亮度"为"35"，"平滑度"为"5"的执行前后对比效果。

图9.9.10　使用【强化的边缘】滤镜前后的对比图

图9.9.11　【强化的边缘】滤镜对话框

6. 深色线条

【深色线条】滤镜利用不同的线条表现图像的颜色区域。用短的、绷紧的深色线条绘制暗区；用长的白色线条绘制亮区，以产生强烈的对比。执行【滤镜】→【滤镜库】→【画笔描边】→【深色线条】命令，打开【深色线条】滤镜对话框，如图 9.9.11 所示。

【平衡】：设置线条的方向。当值为 0 时，线条从左上方向右下方倾斜绘制；当值为 10 时，线条方向从右上方向左下方倾斜绘制；当值为 5 时，两个方向的线条数量相等。

【黑色强度】：设置图像中黑色线条的颜色显示强度。值越大，绘制暗区的线条颜色越黑。

【白色强度】：设置图像中白色线条的颜色显示强度。值越大，绘制浅色区的线条颜色越白。

图 9.9.12 为【深色线条】滤镜设置"平衡"为"5"，"黑色强度"为"6"，"白色强度"为"8"的执行前后对比效果。

图9.9.12　执行【强化的边缘】命令前后的对比图

7. 烟灰墨

图9.9.13　【烟灰墨】滤镜对话框

【烟灰墨】滤镜模拟在图像上用蘸满黑色油墨的画笔在宣纸上绘画，从而产生柔和的模糊边缘的效果。执行【滤镜】→【滤镜库】→【画笔描边】→【烟灰墨】命令，打开【烟灰墨】滤镜对话框，如图 9.9.13 所示。

【描边宽度】：设置画笔的宽度。值越小，线条越细，图像越清晰。

【描边压力】：设置画笔在绘画时的压力。值越大，图像中产生的黑色就越多。

【对比度】：设置图像中亮区与暗区之间的对比度。值越大，图像的对比度越强烈。

图 9.9.14 为【烟灰墨】滤镜设置"描边宽度"为"15"，"描边压力"为"9"，"对比度"为"9"的执行前后对比效果。

图9.9.14　使用【烟灰墨】滤镜前后的对比图

8. 阴影线

【阴影线】滤镜可以保留原始图像的细节和特征,同时使用模拟的铅笔阴影线添加纹理,并使彩色区域的边缘变得粗糙。执行【滤镜】→【滤镜库】→【画笔描边】→【阴影线】命令,打开【阴影线】滤镜对话框,如图 9.9.15 所示。

图9.9.15　【阴影线】滤镜对话框

【描边长度】:设置图像中描边线条的长度。值越大,描边线条就越长。

【锐化程度】:设置描边线条的清晰程度。值越大,描边线条越清晰。

【强度】:设置生成阴影线的数量。值越大,阴影线的数量越多。

图 9.9.16 为【阴影线】滤镜设置"描边长度"为"36","锐化程度"为"12","强度"为"3"的执行前后对比效果。

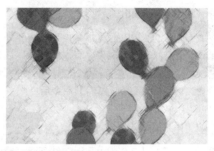

图9.9.16　使用【阴影线】滤镜前后的对比图

操作实践

制作国画

1)打开素材

执行【文件】→【打开】命令(或按"Ctrl"+"O"快捷键),打开\素材\9.9下的"荷.jpg"文件。

2)制作国画效果

①按"Ctrl"+"J"快捷键复制生成"图层 1",执行【图像】→【调整】→【去色】命令,将图像去色,效果如图 9.9.17 所示。

②执行【图像】→【调整】→【色阶】命令,打开【色阶】对话框,将"输入色阶"设置为(30,1,230),输出不变,确定后效果如图 9.9.18 所示。

③执行【滤镜】→【模糊】→【高斯模糊】命令,打开【高斯模糊】对话框,设置"半径"为"3",确定后效果如图 9.9.19 所示。

④执行【滤镜】→【滤镜库】→【画笔描边】→【喷溅】命令,打开【喷溅】对话框,设置"喷色半径"为"6","平滑度"为"2",确定后部分效果如图 9.9.20 所示。

图9.9.17 执行【去色】命令后的效果图

图9.9.18 执行【色阶】命令后的效果图

图9.9.19 执行【高斯模糊】命令后
的效果图

图9.9.20 执行【喷溅】命令后的效果图

⑤新建"图层1",将前景色置为粉红色(255,100,150),使用柔边圆【画笔工具】在花瓣区域涂抹,如图9.9.21所示,然后将图层混合模式更改为"颜色",效果如图9.9.22所示。

图9.9.21 在花瓣区域涂抹颜色

图9.9.22 完成的最终效果图

3)保存文件

执行【文件】→【存储为】命令保存文件。

9.10　素描滤镜组

知识要点

- 认识素描滤镜组;
- 掌握素描滤镜的应用。

知识链接

1. 半调图案

【半调图案】滤镜可以在保持连续色调范围的同时，模拟半调网屏的效果。使用前景色和背景色将图像处理为带有圆形、网点或直线形状的半调图案效果。执行【滤镜】→【滤镜库】→【素描】→【半调图案】滤镜，打开【半调图案】滤镜对话框，如图 9.10.1 所示。

【大小】：值越大，图案越多。

【对比度】：设置添加到图像中的前景色与背景色的对比度。值越大，层次感越强，对比越明显。

【图案类型】：设置生成半调图案的类型，包括"圆形""网点"和"直线"。

图 9.10.2 为【半调图案】滤镜设置"前景色"为（19, 117, 130），"背景色"为"白色"，"大小"为"6"，"对比度"为"25"，"图案类型"为"网点"的执行前后对比效果。

图9.10.1 【半调图案】滤镜
对话框

图9.10.2 使用【半调图案】滤镜前后的对比图

2. 便条纸

【便条纸】滤镜可以使图像产生类似浮雕的凹陷压印效果。此滤镜简化了图像，并结合执行【风格化】→【浮雕】命令和【纹理】→【颗粒】命令的效果。创建像是用手工制作的纸张构建的图像，图像的暗区显示为纸张上层中的洞，使背景色显示出来。执行【滤镜】→【滤镜库】→【素描】→【便条纸】命令，打开【便条纸】滤镜对话框，如图 9.10.3 所示。

图9.10.3 【便条纸】滤镜
对话框

【图像平衡】：设置高光区域（使用前景色）和阴影区域（使用背景色）的比例。值越大，前景色所占的比例就越大。

【粒度】：设置图像中颗粒的明显程度。值越大，图像中的颗粒点就越突出。

【凸现】：设置图像的凹凸程度。值越大，凹凸越明显。

图 9.10.4 为【便条纸】滤镜设置"前景色"为（25, 160, 175），"背景色"为"白色"，"图像平衡"为"25"，"粒度"为"10"，"凸现"为"11"的执行前后对比效果。

图9.10.4 使用【便条纸】滤镜前后的对比图

3. 粉笔和炭笔

图9.10.5 【粉笔和炭笔】滤镜对话框

【粉笔和炭笔】滤镜主要是使用前景色和背景色来重绘图像,使图像产生被粉笔和炭笔涂抹的草图效果。炭笔用前景色绘制,粉笔用背景色绘制。执行【滤镜】→【滤镜库】→【素描】→【粉笔和炭笔】命令,打开【粉笔和炭笔】滤镜对话框,如图9.10.5所示。

【炭笔区】:设置炭笔绘制的区域。值越大,炭笔画特征越明显,前景色就越多。

【粉笔区】:设置粉笔绘制的区域。值越大,粉笔画特征越明显,背景色就越多。

【描边压力】:设置粉笔和炭笔边界的明显程度。值越大,边界越明显。

图9.10.6为【粉笔和炭笔】滤镜设置前景色为(210,185,130),背景色为"白色","炭笔区"为"8","粉笔区"为"8","描边压力"为"2"的执行前后对比效果。

图9.10.6 使用【粉笔和炭笔】滤镜前后的对比图

4. 铬黄渐变

【铬黄渐变】滤镜可以使图像产生液态金属效果。执行【滤镜】→【滤镜库】→【素描】→【铬黄渐变】命令,打开【铬黄渐变】滤镜对话框,如图9.10.7所示。

【细节】:设置图像细节的保留程度。值越大,图像细节越清晰。

图9.10.7 【铬黄渐变】滤镜对话框

【平滑度】:设置图像的光滑程度。值越大,图像的过渡越平滑。

图 9.10.8 为【铬黄渐变】滤镜设置"细节"为"6","平滑度"为"6"的执行前后对比效果。

图9.10.8 使用【铬黄渐变】滤镜前后的对比图

5. 绘图笔

【绘图笔】滤镜使用细的、线状的油墨描边以捕捉原图像中的细节。扫描图像时,效果尤其明显。此滤镜使用前景色作为油墨,并使用背景色作为纸张,以替换原图像中的颜色。执行【滤镜】→【滤镜库】→【素描】→【绘图笔】命令,打开【绘图笔】滤镜对话框,如图 9.10.9 所示。

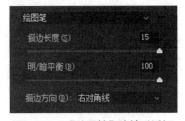

图9.10.9 【绘图笔】滤镜对话框

【描边长度】:设置描边笔画的长度。

【明/暗平衡】:设置阴影部分的大小。

【描边方向】:设置笔画的方向。

图 9.10.10 为【绘图笔】滤镜设置"前景色"为(170,130,70),"背景色"为"白色","描边长度"为"15","明/暗平衡"为"100","描边方向"为"右对角线"的执行前后对比效果。

图9.10.10 使用【绘图笔】滤镜前后的对比图

6. 基底凸现

图9.10.11 【基底凸现】滤镜对话框

【基底凸现】滤镜可以根据图像的轮廓,使图像产生凹凸起伏的浮雕效果。图像的暗区呈现前景色,而高光区域使用背景色。执行【滤镜】→【滤镜库】→【素描】→【基底凸现】命令,打开【基底凸现】滤镜对话框,如图9.10.11 所示。

图 9.10.12 为【基底凸现】滤镜设置设"前景色"为(50,190,170),"背景色"为(235,205,25),"细节"为"12","平衡度"为"2","光照"选择"下"的执行前后对比效果。

图9.10.12　使用【基底凸现】滤镜前后的对比图

【细节】：设置图像细节的保留程度。值越大，图像的细节就越多。

【平滑度】：设置图像的光滑程度。值越大，图像越光滑。

【光照】：设置光源的照射方向。

7. 石膏效果

图9.10.13　【石膏效果】滤镜
对话框

【石膏效果】滤镜使用前景色和背景色为结果图像着色，让亮区凹陷，让暗区凸出，从而形成三维的石膏效果。执行【滤镜】→【滤镜库】→【素描】→【石膏效果】命令，打开【石膏效果】滤镜对话框，如图9.10.13所示。

【图像平衡】：设置前景色和背景色之间的平衡程度。

【平滑度】：控制滤镜效果的平滑程度。

【光照】：设置光照的方向。

图9.10.14为【石膏效果】滤镜设置"前景色"为(100, 100, 100)，"背景色"为"白色"，设置"图像平衡"为"20"，"平滑度"为"2"，"光照"为"上"的执行前后对比效果。

图9.10.14　使用【石膏效果】滤镜前后的对比图

8. 水彩画纸

【水彩画纸】滤镜模拟在潮湿的纸张上作画，制作出在颜色的边缘出现浸润的混合效果。执行【滤镜】→【滤镜库】→【素描】→【水彩画纸】命令，打开【水彩画纸】滤镜对话框，如图9.10.15所示。

【纤维长度】：设置图像颜色的扩散程度。值越大，扩散的程度就越大；值越小，画面保持越清晰。

【亮度】：设置图像的亮度。值越大，图像越亮。

图9.10.15　【水彩画纸】滤镜
对话框

【对比度】：设置图像暗区和亮区的对比程度。值越大，图像的对比度就越大，图像越清晰。

图9.10.16为【水彩画纸】滤镜设置"纤维长度"为"30"，"亮度"为"80"，"对比度"为"80"的执行前后对比效果。

图9.10.16　使用【水彩画纸】滤镜前后的对比图

9. 撕边

【撕边】滤镜可以用前景色和背景色重绘图像，并使粗糙的颜色边缘模拟碎纸片的毛边效果。执行【滤镜】→【滤镜库】→【素描】→【撕边】命令，打开【撕边】滤镜对话框，如图9.10.17所示。

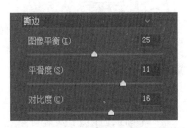

图9.10.17　【撕边】滤镜对话框

【图像平衡】：设置前景色和背景色之间的平衡。值越大，前景色的部分就越多。

【平滑度】：设置前景色和背景色之间的平滑过渡程度。值越大，过渡效果越平滑。

【对比度】：设置前景色与背景色之间的对比程度。值越大，图像越亮。

图9.10.18为【撕边】滤镜设置"前景色"为（250，190，150），"背景色"为"白色"，设置"图像平衡"为"25"，"平滑度"为"11"，"对比度"为"17"的执行前后对比效果。

图9.10.18　使用【撕边】滤镜前后的对比图

10. 炭笔

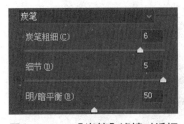

图9.10.19　【炭笔】滤镜对话框

【炭笔】滤镜可以产生色调分离的涂抹效果。主要边缘以粗线条绘制，而中间色调用对角描边进行素描。炭笔是前景色，背景是纸张颜色。执行【滤镜】→【滤镜库】→【素描】→【炭笔】命令，打开【炭笔】滤镜对话框，如图9.10.19所示。

【炭笔粗细】：设置炭笔的粗细。值越大，笔触的宽度就越大。

【细节】：设置图像的细节清晰程度。值越大，图像的细节表现得越清晰。

【明/暗平衡】：设置前景色与背景色的明暗对比程度。值越大，对比程度越明显。

图9.10.20为【炭笔】滤镜设置"前景色"为（10, 165, 145），"背景色"为"白色"，设置"炭笔粗细"为"6"，"细节"为"5"，"明/暗平衡"为"50"的执行前后对比效果。

图9.10.20 使用【炭笔】滤镜前后的对比图

11. 炭精笔

【炭精笔】滤镜可以在图像上模拟浓黑和纯白的炭精笔纹理。暗区使用前景色，亮区使用背景色。执行【滤镜】→【滤镜库】→【素描】→【炭精笔】命令，打开【炭精笔】滤镜对话框，如图9.10.21所示。

【前景色阶】：设置前景色的颜色范围。

【背景色阶】：设置背景色的颜色范围。

【纹理】：设置材质的种类。

【缩放】：设置纹理的大小缩放程度。

【凸现】：设置纹理的凹凸程度。值越大，图像的凹凸感越强。

【光照】：设置光线照射的方向。

【反相】：勾选该复选框，可以反转图像的凹凸区域。

图9.10.22为【炭精笔】滤镜设置"前景色"为（100, 60, 30），"背景色"为"白色"，设置"前景色阶"为"11"，"背景色阶"为"9"，"纹理"选择"画布"，其他参数默认的执行前后对比效果。

图9.10.21 【炭精笔】滤镜 　　　　　图9.10.22 使用【炭精笔】滤镜
　　　　对话框 　　　　　　　　　　　　　前后的对比图

12. 图章

【图章】滤镜可以创建一种类似橡皮或木质图章的效果图案，图章部分使用前景色，其他部分使用背景色。执行【滤镜】→【滤镜库】→【素描】→【图章】命令，打开【图章】滤镜对话框，如图 9.10.23 所示。

图9.10.23 【图章】滤镜对话框

【明/暗平衡】：设置前景色和背景色的比例大小。

【平滑度】：设置前景色和背景色之间的边界平滑程度。值越大，边界越平滑。

图 9.10.24 为【图章】滤镜设置"前景色"为 (85, 150, 10)，"背景色"为"白色"，"明/暗平衡"为"16"，"平滑度"为"3"的执行前后对比效果。

图9.10.24 使用【图章】滤镜前后的对比图

13. 网状

图9.10.25 【网状】滤镜对话框

【网状】滤镜模拟乳片、乳胶的可控收缩和扭曲来创建图像，并使之在阴影部分呈结块状，在高光部分呈轻微颗粒化。执行【滤镜】→【滤镜库】→【素描】→【网状】命令，打开【网状】滤镜对话框，如图 9.10.25 所示。

【浓度】：设置网点的密度。值越大，网点的密度就越大。

【前景色阶】：设置前景色所占的比例。值越大，前景色所占的比例就越大。

【背景色阶】：设置背景色所占的比例。值越大，背景色所占的比例就越大。

图 9.10.26 为【图章】滤镜设置"前景色"为 (90, 165, 190)，"背景色"为"白色"，"浓度"为"12"，"前景色阶"为"40"，"背景色阶"为"5"的执行前后对比效果。

图9.10.26 使用【网状】滤镜前后的对比图

14. 影印

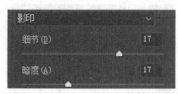

图9.10.27　【影印】滤镜对话框

【影印】滤镜可以模拟影印图像的效果。使用前景色勾画主要轮廓，其余部分使用背景色。执行【滤镜】→【滤镜库】→【素描】→【影印】命令，打开【影印】滤镜对话框，如图9.10.27所示。

【细节】：设置图像中细节的保留程度。值越大，图像保留的细节就越多。

【暗度】：设置阴影范围。值越大，阴影范围越大。

图9.10.28为【影印】滤镜设置"前景色"为（90, 165, 190），"背景色"为"白色"，"细节"为"17"，"暗度"为"17"的执行前后对比效果。

图9.10.28　使用【影印】滤镜前后的对比图

操作实践

简单快捷磨皮术

1）打开素材

执行【文件】→【打开】命令（或按"Ctrl"+"O"快捷键），打开 \ 素材 \9.10下的"MM.jpg"文件，如图9.10.29所示。

2）去痘

选择【修复画笔工具】（或其他的修复工具），将脸上较大颗的痘痘去除，效果如图9.10.30所示。

图9.10.29　素材文件　　　　　　　　图9.10.30　去痘后的效果

3）提亮照片暗区

按"Ctrl"+"Alt"+"2"快捷键提取高光选区，然后执行【选择】→【反选】命令（或按"Ctrl"+"Shift"+"I"快捷键）反选，按"Ctrl"+"J"快捷键复制生成"图层 1"，并设置"图层 1"的图层混合模式为"滤色"，不透明度为"50%"，效果如图 9.10.31 所示。

4）美白

①按"Ctrl"+"Shift"+"Alt"+"E"快捷键盖印图层，生成"图层 2"，执行【滤镜】→【模糊】→【表面模糊】命令，打开【表面模糊】对话框，设置"半径"和"阈值"的值均为"9"，设置如图 9.10.32 所示。

图9.10.31　提亮照片暗区

图9.10.32　【表面模糊】对话框参数设置

②单击【图层】面板下方的【添加图层蒙版】 按钮，为"图层 2"创建蒙版，将前景色置为黑色，使用【画笔工具】在蒙版上对应的区域上涂出不需要模糊的区域，如眼睛、眉毛、嘴巴、头发及周围的区域等。【图层】面板如图 9.10.33 所示，效果如图 9.10.34。

图9.10.33　【图层】面板

图9.10.34　美白后的效果

5）增加皮肤质感

①按"Ctrl"+"Shift"+"Alt"+"E"快捷键盖印图层，生成"图层 3"，按"Ctrl"+"Alt"+

"2"快捷键调出高光选区,使用"吸管工具"吸取肤色,并设置背景色为白色,再按"Ctrl"+"J"快捷键复制生成"图层4"。

②执行【滤镜】→【滤镜库】→【素描】→【基底凸现】命令,参数设置如图9.10.35所示,为了得到更好的肌理,按"Alt"+"Ctrl"+"F"快捷键再一次执行【基底凸现】命令,然后将"图层4"混合模式设置为"正片叠底",不透明度设置为"60%",效果如图9.10.36所示。

图9.10.35 【基底凸现】
对话框参数设置

图9.10.36 磨皮后皮肤效果

6)保存文件

执行【文件】→【存储为】命令保存文件。

9.11 纹理化滤镜组

知识要点

- 认识纹理化滤镜组;
- 掌握纹理化滤镜的应用。

知识链接

1. 龟裂缝

图9.11.1 【龟裂缝】滤镜对话框

【龟裂缝】滤镜可以在图像上绘制出一个高凸现的龟裂纹理,并产生浮雕效果。执行【滤镜】→【滤镜库】→【纹理化】→【龟裂缝】命令,打开【龟裂缝】滤镜对话框,如图9.11.1所示。

【裂缝深度】:设置龟裂的深度。

【裂缝亮度】:设置龟裂的亮度。

图9.11.2为【龟裂缝】滤镜设置"龟裂间距"为"40","裂缝深度"为"8","裂缝亮度"为"8"的执行前后对比效果。

图9.11.2 使用【龟裂缝】滤镜前后的对比图

2. 颗粒

【颗粒】滤镜可以用不同状态的颗粒改变图像表面的纹理，从而使图像产生颗粒般的效果。执行【滤镜】→【滤镜库】→【纹理化】→【颗粒】命令，打开【颗粒】滤镜对话框，如图9.11.3所示。

图9.11.3 【颗粒】滤镜对话框

【强度】：设置图像中生成颗粒的数量。值越大，颗粒的密度就越大。

【对比度】：设置图像中生成颗粒的对比程度。值越大，颗粒的效果越明显。

【颗粒类型】：设置生成颗粒的类型。

图9.11.4为【颗粒】滤镜设置"强度"为"100"，"对比度"为"30"，"颗粒类型"选择"水平"的执行前后对比效果。

图9.11.4 使用【颗粒】滤镜前后的对比图

3. 马赛克拼贴

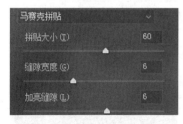

图9.11.5 【马赛克拼贴】滤镜对话框

【马赛克拼贴】滤镜可以使图像产生不规则的、类似马赛克拼贴的效果。执行【滤镜】→【滤镜库】→【纹理化】→【马赛克拼贴】命令，打开【马赛克拼贴】滤镜对话框，如图9.11.5所示。

【拼贴大小】：设置图像中生成马赛克的大小。值越大，块状马赛克就越大。

【缝隙宽度】：设置图像中马赛克之间裂缝的宽度。值越大，裂缝就越宽。

【加亮缝隙】：设置马赛克之间裂缝的亮度。值越大，裂缝就越亮。

图 9.11.6 为【马赛克拼贴】滤镜设置"拼贴大小"为"60","缝隙宽度"为"6","加亮缝隙"为"6"的执行前后对比效果。

图9.11.6　使用【马赛克拼贴】滤镜前后的对比图

4. 拼缀图

图9.11.7　【马赛克拼贴】滤镜对话框

【拼缀图】滤镜可以将图像分解成多个规则的正方形块，每个方块使用该区域的主色填充，并可随机减小或增大拼贴的深度，以模拟高光和阴影。执行【滤镜】→【滤镜库】→【纹理化】→【拼缀图】滤镜，打开【拼缀图】滤镜对话框，如图 9.11.7 所示。

【方形大小】：设置图像中生成拼缀图块的大小。值越大，拼缀图块就越大。

【凸现】：设置拼缀图块的凸现程度。值越大，拼缀图块凸现越明显。

图 9.11.8 为【拼缀图】滤镜设置"方形大小"为"10"，"凸现"为"10"的执行前后对比效果。

图9.11.8　使用【拼缀图】滤镜前后的对比图

5. 染色玻璃

【染色玻璃】滤镜可以将图像重新绘制为单色的相邻单元格，色块之间的缝隙用前景色填充，使图像看起来像是彩色玻璃。执行【滤镜】→【滤镜库】→【纹理化】→【染色玻璃】命令，打开【染色玻璃】滤镜对话框，如图 9.11.9 所示。

【单元格大小】：设置生成染色玻璃格子的大小。值越大，生成的格子就越大。

图9.11.9　【染色玻璃】滤镜对话框

【边框粗细】：设置格子间的边框宽度。值越大，边框的宽度就越大，边框就越粗。

【光照强度】：设置光的强度。

图 9.11.10 为【染色玻璃】滤镜设置"前景色"为（20, 160, 200），"单元格大小"为"15"，"边框粗细"为"4"，"光照强度"为"3"的执行前后对比效果。

图9.11.10　使用【染色玻璃】滤镜前后的对比图

6. 纹理化

【纹理化】滤镜可以为图像添加预设的或者自行创建的纹理效果。执行【滤镜】→【滤镜库】→【纹理】→【纹理化】命令，打开【纹理化】滤镜对话框，如图 9.11.11 所示。

【纹理】：设置纹理的种类。

【缩放】：设置纹理的缩放比例。

【凸现】：设置纹理的凸现程度。

【光照】：设置光照的方向。

【反相】：勾选该复选框，可以反转纹理的凹凸区域。

图 9.11.12 为【纹理化】滤镜设置"纹理"为"粗麻布"，

图9.11.11　【纹理化】滤镜对话框

"缩放"为"200"，"凸现"为"8"，"光照"为"下"的执行前后对比效果。

图9.11.12　使用【纹理化】滤镜前后的对比图

操作实践

制作纹理相框效果

1）打开素材

执行【文件】→【打开】命令（或按"Ctrl"+"O"快捷键），打开 \ 素材 \ 第 9 章下的"人物 . jpg"文件。

2)调整图像

①双击背景图层解锁为"图层 0",新建"图层 1",移至"图层 0"下方,并填充白色,如图 9.11.13 所示。

②选择"图层 0",按"Ctrl"+"T"快捷键自由变换,将宽(W)和高(H)分别缩放为原来的 85%,效果如图 9.11.14 所示。

图9.11.13　调整图层

图9.11.14　调整图像大小

3)为"图层 1"添加滤镜效果

①添加【云彩】滤镜效果。选择"图层 1",设置"前景色"为(20, 80, 160),"背景色"为(210, 210, 40),然后执行【滤镜】→【渲染】→【云彩】命令,效果如图 9.11.15 所示。

②添加【龟裂缝】滤镜。保持选择"图层 1",执行【滤镜】→【滤镜库】→【纹理】→【龟裂缝】命令,设置"裂缝间距"为"35","裂缝深度"为"10","裂缝亮度"为"2",效果如图 9.11.16 所示。

图9.11.15　执行【云彩】
滤镜后的效果

图9.11.16　执行【龟裂缝】
滤镜后效果

4）为"图层 0"添加滤镜效果

添加【纹理化】滤镜。选择"图层 0"，执行【滤镜】→【滤镜库】→【纹理】→【纹理化】命令，设置"纹理"为"粗麻布"，"缩放"为"100%"，"凸现"为"8"，"光照"选择"下"，效果如图 9.11.17 所示。

5）为"图层 0"添加图层样式

①添加描边效果。双击"图层 0"的缩览图打开【图层样式】对话框，勾选"描边"选项，并设置其"大小"为"8"，"颜色"为（30，70，165），其他参数为默认值，设置如图 9.11.18 所示。

图9.11.17　执行【纹理化】
滤镜后的效果

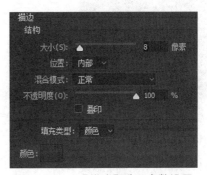

图9.11.18　【描边】选项参数设置

②添加投影效果。勾选【投影】选项，并设置其"不透明度"为"75%"，"角度"为"60"，"距离"为"20"，"扩展"为"0"，"大小"为"25"，其他参数为默认值，设置如图 9.11.19 所示，完成的最终效果如图 9.11.20 所示。

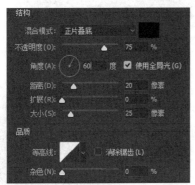

图9.11.19　【投影】选项参数设置

图9.11.20　完成的最终效果

6）保存文件

执行【文件】→【存储为】命令保存文件。

9.12　艺术效果滤镜组

知识要点

- 认识艺术效果滤镜组；
- 掌握艺术效果滤镜组的应用。

知识链接

1. 壁画

图9.12.1　【壁画】滤镜对话框

【壁画】滤镜可以使用短而圆、粗略涂抹的小块颜料来绘制粗糙风格的效果。执行【滤镜】→【滤镜库】→【艺术效果】→【壁画】命令，打开【壁画】滤镜对话框，如图 9.12.1 所示。

【画笔大小】：设置笔触的大小。

【画笔细节】：设置画笔的细致程度。

【纹理】：设置滤镜效果的纹理。

图 9.12.2 为【壁画】滤镜设置"画笔大小"为"4"，"画笔细节"为"6"，"纹理"为"2"的执行前后对比效果。

图9.12.2　使用【壁画】滤镜前后的对比图

2. 彩色铅笔

【彩色铅笔】滤镜可以模拟彩色铅笔在图纸上绘画的效果。执行【滤镜】→【滤镜库】→【艺术效果】→【彩色铅笔】命令，打开【彩色铅笔】滤镜对话框，如图 9.12.3 所示。

【铅笔宽度】：设置画笔的粗细。

【描边压力】：设置线条的强度。

【纸张亮度】：设置纸张的亮度、调整色调。

图9-12-3　【彩色铅笔】滤镜对话框

图 9.12.4 为【彩色铅笔】滤镜设置"铅笔宽度"为"3"，"描边压力"为"15"，"纸张亮度"为"50"的执行前后对比效果。

图9.12.4 使用【彩色铅笔】滤镜前后的对比图

3. 粗糙蜡笔

【粗糙蜡笔】滤镜可以使图像产生彩色蜡笔在带纹理的背景上描边的效果,使图像表面产生一种不平整的浮雕纹理。执行【滤镜】→【滤镜库】→【艺术效果】→【粗糙蜡笔】命令,打开【粗糙蜡笔】滤镜对话框,如图9.12.5所示。

【描边长度】:设置画笔描绘线条的长度。值越大,线条越长。

【描边细节】:设置粗糙蜡笔的细腻程度。值越大,细节描绘越明显。

【纹理】:设置生成纹理的类型。

【缩放】:设置纹理的缩放比例。值越大,纹理就越大。

【凸现】:设置纹理的凹凸程度。值越大,图像的凸现感越强。

【光照】:设置光源的照射方向。

【反相】:勾选该复选框,可以反转纹理的凹凸区域。

图9.12.6为【粗糙蜡笔】滤镜设置"描边长度"为"26","描边细节"为"12","纹理"为"粗麻布","缩放"为"100%","凸现"为"20","光照"为"下",并勾选"反相"的执行前后对比效果。

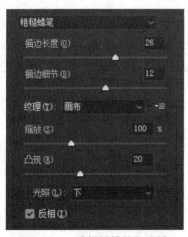

图9.12.5 【粗糙蜡笔】滤镜 对话框

图9.12.6 使用【粗糙蜡笔】滤镜 前后的对比图

4. 底纹效果

【底纹效果】滤镜可以根据设置的纹理类型,使图像产生一种纹理描绘的艺术效果。执行【滤镜】→【滤镜库】→【艺术效果】→【底纹效果】命令,打开【底纹效果】滤镜对话框,如图 9.12.7 所示。

【画笔大小】:设置画笔笔触的大小。值越大,线条越粗。

【纹理覆盖】:设置图像使用纹理的范围。值越大,使用的范围越广。

【纹理】:设置生成纹理的类型。

【缩放】:设置纹理的缩放比例。值越大,纹理就越大。

【凸现】:设置纹理的凹凸程度。值越大,图像的凸现感越强。

【光照】:设置光源的照射方向。

【反相】:勾选该复选框,可以反转纹理的凹凸区域。

图 9.12.8 为【底纹效果】滤镜设置"画笔大小"为"15","纹理覆盖"为"40","纹理"为"粗麻布","缩放"为"100%","凸现"为"4","光照"为"上"的执行前后对比效果。

图9.12.7 【底纹效果】滤镜
对话框

图9.12.8 使用【底纹效果】滤镜前后
的对比图

5. 干画笔

图9.12.9 【干画笔】滤镜对话框

【干画笔】滤镜模拟干画笔技术,通过减少图像的颜色来简化图像的细节,使图像产生一种不饱和、不湿润的油画效果。执行【滤镜】→【滤镜库】→【艺术效果】→【干画笔】命令,打开【干画笔】滤镜对话框,如图 9.12.9 所示。

【画笔大小】：设置画笔笔触的大小。值越大，画笔笔触也越大。

【画笔细节】：设置画笔细节表现的细腻程度。值越大，效果与原先图像越接近。

【纹理】：设置图像纹理的清晰程度。值越大，纹理越清晰。

图9.12.10为【干画笔】滤镜设置"画笔大小"为"10"，"画笔笔细节"为"5"，"纹理"为"1"的执行前后对比效果。

图9.12.10 使用【干画笔】滤镜前后的对比图

6. 海报边缘

【海报边缘】滤镜可根据图像中颜色变化剧烈的区域，勾画出图像的边缘，并减少图像中的颜色数量，添加黑色阴影，使图像产生一种海报的边缘效果。执行【滤镜】→【滤镜库】→【艺术效果】→【海报边缘】命令，打开【海报边缘】滤镜对话框，如图9.12.11所示。

图9.12.11 【海报边缘】滤镜对话框

【边缘厚度】：设置描绘图像边缘的宽度。值越大，描绘的边缘越宽。

【边缘强度】：设置图像边缘的清晰程度。值越大，边缘越明显。

【海报化】：设置颜色的浓度。值越大，图像最终显示的颜色量就越多。

图9.12.12为【海报边缘】滤镜设置"海报边缘"为"5"，"边缘强度"为"5"，"海报化"为"2"的执行前后对比效果。

图9.12.12 执行【海报边缘】滤镜前后的对比图

7. 海绵

【海绵】滤镜可以模拟海绵擦过画面的斑驳效果。执行【滤镜】→【滤镜库】→【艺术效

图9.12.13　【海绵】滤镜对话框

果】→【海绵】命令，打开【海绵】滤镜对话框，如图9.12.13所示。

【画笔大小】：设置海绵笔触的粗细。值越大，笔触就越大。

【清晰度】：设置绘制颜色的清晰程度。值越大，绘制的颜色越清晰，即海绵气孔印记越清晰。

【平滑度】：设置绘制颜色的光滑程度。值越大，越光滑。

图9.12.14为【海绵】滤镜设置"画笔大小"为"10"，"清晰度"为"25"，"平滑度"为"12"的执行前后对比效果。

图9.12.14　使用【海绵】滤镜前后的对比图

8. 绘画涂抹

【绘画涂抹】滤镜模拟使用各种类型的画笔在图像上随意涂抹，从而使图像产生模糊的艺术效果。执行【滤镜】→【滤镜库】→【艺术效果】→【绘画涂抹】命令，打开【绘画涂抹】滤镜对话框，如图9.12.15所示。

【画笔大小】：设置涂抹工具的笔触大小。

【锐化程度】：设置涂抹笔触的清晰程度。值越大，锐化程度越大，图像越清晰。

图9.12.15　【绘画涂抹】滤镜对话框

【画笔类型】：指定涂抹的画笔类型。

图9.12.16为【绘画涂抹】滤镜设置"画笔大小"为"50"，"锐化程度"为"8"，"画笔类型"选择"火花"的执行前后对比效果。

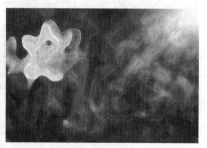

图9.12.16　使用【半调图案】滤镜前后的对比图

9. 胶片颗粒

【胶片颗粒】滤镜可以为图像添加颗粒效果，制作类似胶片放映时产生的颗粒效果。执行【滤镜】→【滤镜库】→【艺术效果】→【胶片颗粒】命令，打开【胶片颗粒】滤镜对话框，如图9.12.17所示。

图9.12.17 【胶片颗粒】滤镜对话框

【颗粒】：设置添加颗粒的清晰程度。值越大，颗粒越明显。

【高光区域】：设置高光区域的范围。值越大，高光区域就越大。

【强度】：设置图像的明暗程度。值越大，图像越亮，颗粒效果越不明显。

图9.12.18为【胶片颗粒】滤镜设置"颗粒"为"15"，"高光区域"为"10"，"强度"为"3"的执行前后对比效果。

图9.12.18 使用【胶片颗粒】滤镜前后的对比图

10. 木刻

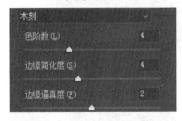

图9.12.19 【木刻】滤镜对话框

【木刻】滤镜是利用版画和雕刻原理，将图像处理成由粗糙剪切彩纸组成的高对比度的图像，产生剪纸、木刻的艺术效果。执行【滤镜】→【滤镜库】→【艺术效果】→【木刻】命令，打开【木刻】滤镜对话框，如图9.12.19所示。

【色阶数】：设置图像的色彩层次。值越大，图像显示的颜色就越多。

【边缘简化度】：设置木刻图像边缘的简化程度。值越大，边缘越简化。

【边缘逼真度】：设置木刻图像边缘的逼真程度。值越大，生成的图像与原图像越相似。

图9.12.20为【木刻】滤镜设置"色阶数"为"4"，"边缘强化度"为"4"，"边缘逼真度"为"2"的执行前后对比效果。

图9.12.20 使用【木刻】滤镜前后的对比图

11. 霓虹灯光

图9.12.21　【霓虹灯光】滤镜对话框

【霓虹灯光】滤镜以根据前景色、背景色和指定的发光颜色，在柔化图像外观时给图像着色，使图像产生霓虹灯发光的效果。执行【滤镜】→【滤镜库】→【艺术效果】→【霓虹灯光】命令，打开【霓虹灯光】滤镜对话框，如图9.12.21所示。

【发光大小】：设置霓虹灯的照射范围。值越大，照射的范围越广。正值时为外发光，负值时为内发光。

【发光亮度】：设置霓虹灯的亮度大小。值越大，亮度越大。

【发光颜色】：设置霓虹灯光的颜色。

图9.12.22为【霓虹灯光】滤镜设置"前景色"为（25，15，90），"背景色"为（250，220，10），"发光大小"为"24"，"发光亮度"为"50"，"发光颜色"为（250，220，10）的执行前后对比效果。

图9.12.22　使用【霓虹灯光】滤镜前后的对比图

12. 水彩

【水彩】滤镜可以模拟蘸了水的画笔以水彩风格绘制图像。执行【滤镜】→【滤镜库】→【艺术效果】→【水彩】命令，打开【水彩】滤镜对话框，如图9.12.23所示。

【画笔细节】：设置画笔细节的细腻程度。值越大，图像表现的细节就越多。

图9.12.23　【水彩】滤镜对话框

【阴影强度】：设置图像中暗区的深度。值越大，暗区就越暗。

【纹理】：设置颜色交界处的纹理强度。值越大，纹理越明显。

图9.12.24为【水彩】滤镜设置"画笔细节"为"6"，"阴影强度"为"1"，"纹理"为"2"的执行前后对比效果。

图9.12.24　使用【水彩】滤镜前后的对比图

13. 塑料包装

【塑料包装】滤镜可以在图像表面增加一层强光效果，使图像产生质感很强的塑料包装的艺术效果。执行【滤镜】→【滤镜库】→【艺术效果】→【塑料包装】命令，打开【塑料包装】滤镜对话框，如图9.12.25所示。

图9.12.25　【塑料包装】滤镜对话框

【高光强度】：设置图像中高光区域的亮度。值越大，高光区域的亮度就越大。

【细节】：设置图像中高光区域的复杂程度。值越大，高光区域的细节就越多。

【平滑度】：设置图像的光滑程度。值越大，图像越光滑。

图9.12.26为【塑料包装】滤镜设置"高光强度"为"12"，"细节"为"12"，"平滑度"为"9"的执行前后对比效果。

图9.12.26　使用【塑料包装】滤镜前后的对比图

14. 调色刀

图9.12.27　【调色刀】滤镜对话框

【调色刀】滤镜可以减少图像中的细节，以生成描绘得很淡的画布效果，并显示出下面的纹理，类似于用油画刮刀作画的效果。执行【滤镜】→【滤镜库】→【艺术效果】→【调色刀】命令，打开【调色刀】滤镜对话框，如图9.12.27所示。

【描边大小】：设置绘图笔触的粗细。值越大，绘图笔触越粗。

【描边细节】：设置图像的细腻程度。值越大，颜色相近的范围越大，颜色的混合程度就越明显，图像显示的细节就越多。

【软化度】：设置图像边界的柔和程度。值越大，边界越柔和。

图9.12.28为【调色刀】滤镜设置"描边大小"为"15"，"描边细节"为"3"，"软化度"为"5"的执行前后对比效果。

图9.12.28　使用【调色刀】滤镜前后的对比图

15. 涂抹棒

图9.12.29　【涂抹棒】滤镜
对话框

【涂抹棒】滤镜能够使用较短的对角线条涂抹图像中的暗部区域，以柔化图像，从而使整个图像显示出涂抹晕开的效果。执行【滤镜】→【滤镜库】→【艺术效果】→【涂抹棒】命令，打开【涂抹棒】滤镜对话框，如图9.12.29所示。

【描边长度】：设置涂抹线条的长度。值越大，线条越长。

【高光区域】：设置图像中高光区域的范围。值越大，高光区域就越大。

【强度】：设置高光的强度。值越大，图像的反差就越明显。

图9.12.30为【调色刀】滤镜设置"描边长度"为"10"，"高光区域"为"12"，"强度"为"8"的执行前后对比效果。

图9.12.30　使用【涂抹棒】滤镜前后的对比图

操作实践

制作油画效果

1）打开素材

执行【文件】→【打开】命令（或按"Ctrl"+"O"快捷键），打开 \素材\第9章下的"小镇 . jpg"文件。

2）制作油画效果

①复制背景图层，添加调整图层为【色相/饱和度】，设置"饱和度"为"21"，再继续添加调整图层为【亮度/对比度】，设置"亮度"为"21"，"对比度"为"20"，如图9.12.31所示。

图9.12.31　创建调整图像

图9.12.32　盖印图层

②按"Ctrl"+"Alt"+"Shift"+"E"快捷键盖印图层，生成"图层1"，如图9.12.32所示。

③执行【滤镜】→【滤镜库】→【艺术效果】→【塑料包装】命令，设置"高光强度"为"4"，"细节"为"9"，"平滑度"为"15"，部分效果如图9.12.33所示。

图9.12.33　执行【塑料包装】命令后的
部分效果

图9.12.34　执行【绘画涂抹】命令后的
部分效果

④执行【滤镜】→【滤镜库】→【艺术效果】→【绘画涂抹】命令，设置"画笔大小"为"3"，"锐化强度"为"3"，"画笔类型"为"简单"，部分效果如图9.12.34所示。

⑤执行【滤镜】→【滤镜库】→【纹理】→【纹理化】命令，设置"纹理"为"画布"，"缩放"为"100"，"凸现"为"3"，"光照"为"上"，部分效果如图9.12.35所示。

图9.12.35 执行【纹理化】命令后的
部分效果

图9.12.36 执行【玻璃】命令后的
部分效果

⑥执行【滤镜】→【滤镜库】→【扭曲】→【玻璃】命令,设置"扭曲度"为"2","平滑度"为"3","纹理"为"磨砂","缩放"为"50",部分效果如图9.12.36所示。

⑦复制背景图层,移至图层最顶部,执行【图像】→【调整】→【去色】命令,然后再执行【滤镜】→【风格化】→【浮雕】命令,设置"角度"为"180","高度"为"3","数量"为"35",部分效果如图9.12.37所示。

⑧将图层的混合模式更改为"亮光",效果如图9.12.38所示。

图9.12.37 执行【浮雕】命令后的效果

图9.12.38 完成的最终效果

3)保存文件

执行【文件】→【存储为】命令保存文件。

9.13 液化滤镜

知识要点

- 认识液化滤镜组;
- 掌握液化滤镜的应用。

知识链接

液化

【液化】滤镜可用于修饰图像和创建艺术效果,可以进行推、拉、旋转、扭曲、收缩等变形操作,也可以修改图像的其他区域。执行【滤镜】→【液化】命令,打开【液化】滤镜对话框,如图 9.13.1 所示。

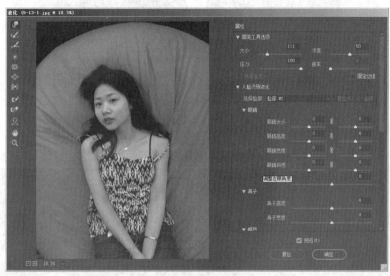

图9.13.1 执行【液化】命令的对话框

【向前变形工具】 : 可以在任何区域向前推动图像像素。按住鼠标,向前拖动即可。

【重建工具】 : 对变形的图像进行完全或部分的恢复。

【平滑工具】 : 主要作用是使所处理过的像素平滑。

【顺时针旋转扭曲工具】 : 按住鼠标左键或拖动时可顺时针旋转像素。若要逆时针旋转像素,应在按住鼠标左键或拖动时同时按"Alt"键。

【褶皱工具】 : 可以让图像中的像素向画笔的中心区域移动,可内缩,也可向外扩展。

【膨胀工具】 : 可以让图像中的像素向画笔的中心区域以外的方向移动。

【左推工具】 : 当鼠标光标向上时,像素会向左移动;当鼠标光标向下时,像素会向右移动。

【冻结蒙版工具】 : 可将图像中不需要变形的部分保护起来,不会受到变形工具的影响。

【解冻蒙版工具】 : 用于解除图像中的冻结部分。

【脸部工具】 : 系统将自动识别照片中的人脸,并在脸部周围显示直观的屏幕控件,通过调整控件或参数设置可对脸部特征进行适当的修改。

【抓手工具】 : 当图像无法完全显示时,可以使用此工具对其进行移动操作。

【缩放工具】 : 可以放大或缩小图像。

【脸部工具】是 Photoshop CC 新增功能之一,操作时,在【液化】滤镜中选择【脸部工具】,既可直接在工作区拖动控制框调整,也可在对话框右侧对"眼睛""嘴唇""鼻子"和"脸型"分别进行设置,如图 9.13.2 为使用【脸部工具】前后效果,具体参数设置如图 9.13.3 所示。

图9.13.2 执行【液化】命令前后的效果对比

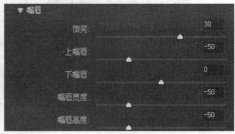

"眼睛"选项参数设置   "嘴唇"选项参数设置

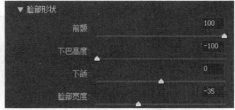

"鼻子"选项参数设置   "脸部形状"选项参数设置

图9.13.3 【脸部工具】各选项的参数设置

操作实践

绘制玉手镯

1）新建文件

执行【文件】→【新建】命令（或按"Ctrl"+"N"快捷键），新建 600 px×600 px，背景为红褐色（100，10，10）的文件。

2）绘制手镯

①新建"图层 1"，设置前景色为（50，50，50）和背景色为纯白色，然后执行【滤镜】→【渲染】→【云彩】命令，效果如图 9.13.4 所示。

②执行【滤镜】→【液化】命令，选择【向前变形工具】，设置画笔"大小"为"160"，在画布上涂抹圆形区域，效果如图 9.13.5 所示。

图9.13.4 执行【云彩】命令
后的效果

图9.13.5 执行【液化】命令
后的效果

③选择【椭圆选框工具】，按 "Shift" + "Alt" 快捷键配合绘制正圆，然后执行【选择】→
【反选】命令（或按 "Shift" + "Ctrl" + "I" 快捷键）反选选区，按 "Delete" 键删除该区域，
效果如图 9.13.6 所示。

④再次按 "Shift" + "Ctrl" + "I" 快捷键反选选区，然后执行【选择】→【变换选区】命令，
将选区的宽和高均缩小至 80%，按 "Delete" 键删除该区域，效果如图 9.13.7 所示。

图9.13.6 删除圆外区域
的内容

图9.13.7 删除圆内区域
的内容

3）为手镯上色

设置前景色为（100, 140, 110），执行【图像】→【调整】→【色相/饱和度】命令，勾选 "着
色" 按钮，效果如图 9.13.8 所示。

4）添加样式

双击 "图层 1" 的缩览图，打开【图层样式】对话框，勾选 "斜面和浮雕" 选项，并设置参数
如图 9.13.9 所示；继续勾选 "投影" 选项，设置参数如图 9.13.10 所示；完成效果如图 9.13.11
所示。

5）保存文件

执行【文件】→【存储为】命令保存文件。

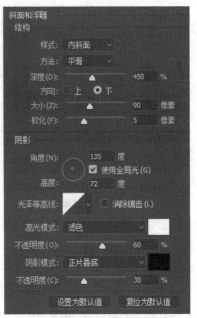

图9.13.8 使用【色相/饱和度】
着色后的效果

图9.13.9 "斜面和浮雕"选项
的参数设置

图9.13.10 "投影"选项参数设置

图9.13.11 完成的整体效果

9.14 消失点滤镜

知识要点

- 认识消失点滤镜组；
- 掌握消失点滤镜的应用。

知识链接

消失点

　　【消失点】滤镜可以根据透视原理在透视平面（如建筑物侧面或任何矩形对象）的图像中进行透视校正编辑。执行【滤镜】→【消失点】命令，打开【消失点】滤镜对话框，如图9.14.1 所示。

图9.14.1　打开【消失点】滤镜的对话框

　　【编辑平面工具】选择、编辑、移动平面和调整平面的大小。

　　【创建平面工具】定义平面的 4 个角节点、调整平面的大小和形状并拖出新的平面。

　　【边框工具】建立方形或矩形选区，同时移动或仿制选区。按 "Alt" 键可将选区复制到新目标，按 "Ctrl" 键拖移选区可用原图像填充。

　　【图章工具】用图像的一个样本绘画。与仿制图章工具不同，消失点中的图章工具不能仿制其他图像中的元素。按 "Alt" 键单击复制源点，可拖移来绘制或仿制。

　　【画笔工具】在平面中绘制选定的颜色。

　　【吸管工具】选择一种用于绘画的颜色。

　　【测量工具】在平面中测量项目的距离和角度。

　　【抓手工具】可在预览窗口中移动图像。

　　【缩放工具】预览窗口中放大或缩小图像的视图。

操作实践

1. 修复图像

1）打开素材

　　执行【文件】→【打开】命令（或按 "Ctrl" + "O" 快捷键），打开 \ 素材 \9.14 下的 "小狗 .jpg" 文件。

2）去除杂物，修复图像

①执行【滤镜】→【消失点】命令，打开对话框，选择"创建平面工具"，在图像中单击4个点绘制透视平面（蓝色表示透视正确，黄色或红色表明透视不正确），如图9.14.2所示。

②选择【选框工具】，在透视平面内绘制取样选区，在对话框的顶部"修复"中选择"开"，按住"Alt"键，拖移选区覆盖到刷子上，可实现无缝复制，如图9.14.3所示。

图9.14.2　绘制透视平面　　　　　　　　　图9.14.3　修复刷子所在区域

③继续在透视平面内绘制取样选区，按住"Alt"键，拖移选区覆盖到水管上，效果如图9.14.4所示。

④单击确定，完成消失点滤镜编辑，修复效果如图9.14.5所示。

图9.14.4　修复水管所在区域　　　　　　　图9.14.5　最终效果

3）保存文件

执行【文件】→【存储为】命令保存文件。

2. 换窗户

1）打开素材

执行【文件】→【打开】命令（或按"Ctrl"+"O"快捷键），打开\素材\9.14下的"房子.jpg"文件。

2）创建第一个平面

执行【滤镜】→【消失点】命令，单击选中【创建平面工具】后，在需要构建空间平面的

4个顶点上分别单击一下创建平面,当完成第四个顶点时,平面上正常情况下会出现蓝色的网格,效果如图9.14.6所示,并且工具会自动选中【编辑平面工具】。如果网格颜色为红色则说明构建的空间平面存在问题,可通过【编辑平面工具】调整4个顶点的位置来消除问题。

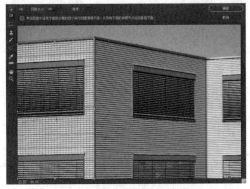

图9.14.6 绘制第一个平面

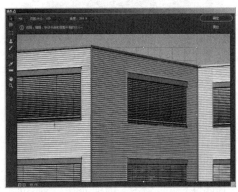

图9.14.7 延伸出第二个平面

3)创建其他的空间平面

①重新单击选中【创建平面工具】,然后将鼠标光标移动到之前创建的空间平面的右边中心点位置,当鼠标光标变成 时,按住鼠标左键向右拖动,将从原有空间平面的右边延伸出一个新的平面,如图9.14.7所示,延伸出的平面与原有平面的夹角是90°,可使用【创建平面工具】或【编辑平面工具】调整延伸平面的各个顶点,调整后如图9.14.8所示。

②同样的方法继续延伸平面,效果如图9.14.9所示。

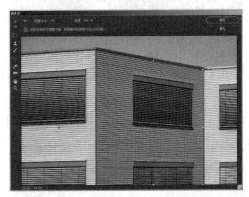

图9.14.8 编辑第二个平面

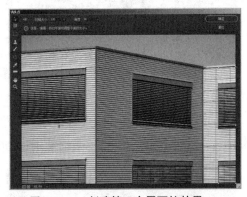

图9.14.9 创建第三个平面的效果

4)清除旧窗户

①选中【选框工具】,在需要修复窗户旁拉出一个选框创建仿制选区,如图9.14.10所示,然后按住"Alt"键,鼠标左键拖动选框到要消除的位置放开,如果未修复完成,可继续按住"Alt"键并拖动,如图9.14.11为修复完成的一空间平面。

②采用同样的方法修复其他平面,效果如图9.14.12所示。

5)添加新窗户

①单击确定应用"消失点",打开\素材\9.14下的"窗户.png"文件。按"Ctrl"+"A"快

捷键全选，然后再按"Ctrl"+"C"快捷键复制。

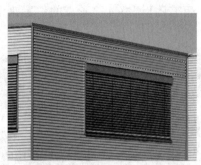

图9.14.10 使用【选框工具】
创建仿制选区

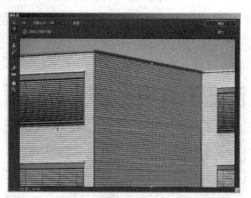

图9.14.11 修复完成的一空间平面效果

②重新执行【滤镜】→【消失点】命令，打开【消失点】滤镜，单击选中【选框工具】，并设置其属性栏的"修复"选项为开，然后按"Ctrl"+"V"快捷键进行粘贴，如图 9.14.13 所示。

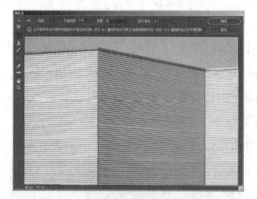

图9.14.12 清除完成旧窗户效果图

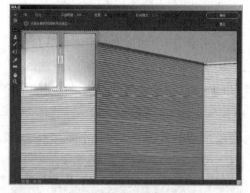

图9.14.13 拖入新窗户

③按住鼠标左键拖动窗户至合适位置，然后使用【变形工具】，适当调整窗户大小，如图 9.14.14 所示。

④调整完大小重新单击【选框工具】，然后按住"Alt"键，按住鼠标左键进行拖动复制出新的窗户，并移至合适位置。必要时使用【变形工具】调整窗户大小，完成效果如图 9.14.15 所示。

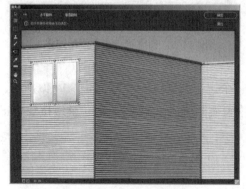

图9.14.14 使用"变形工具"调整窗户大小

图9.14.15 完成的效果图

6）保存文件

执行【文件】→【存储为】命令保存文件。

9.15 综合应用

操作实践

被岁月斑驳的墙

1）新建文件

执行【文件】→【新建】命令（或按 "Ctrl" + "N" 快捷键），在打开的【新建】对话框中，设置新建文件的大小为 600 px×600 px，分辨率为 72 px/in，白色背景。

2）使用 "云彩" 滤镜

①单击【图层】面板下方的【创建新图层】按钮，新建 "图层 1"。

②将颜色置为 "默认前景色和背景色"，执行【滤镜】→【渲染】→【云彩】命令，效果如图 9.15.1 所示。

3）使用 "阴影线" 滤镜

执行【滤镜】→【滤镜库】命令打开【滤镜库】对话框，然后单击【画笔描边】左侧的，在展开的列表中选择【阴影线】，并设置其 "描边长度" 为 "36"，"锐化程度" 为 "12"，"强度" 为 "3"，设置如图 9.15.2 所示，效果如图 9.15.3 所示。

图9.15.1 执行 "云彩" 命令后的效果

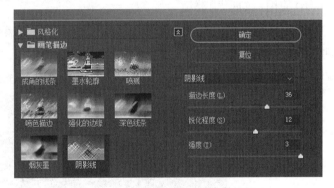

图9.15.2 【阴影线】滤镜参数设置

4）使用 "查找边缘" 滤镜

执行【滤镜】→【风格化】→【查找边缘】命令，效果如图 9.15.4 所示。

5）使用 "拼缀图" 滤镜

执行【滤镜】→【滤镜库】命令，打开【滤镜库】对话框，然后单击【纹理】左侧的，在展开的列表中选择【拼缀图】，并设置其 "方形大小" 为 "10"，"凸现" 为 "10"，设置如图 9.15.5 所示，效果如图 9.15.6 所示。

图9.15.3 执行"阴影线"命
令后的效果

图9.15.4 执行"查找边缘"
命令后的效果

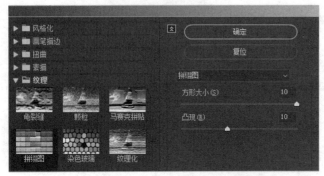

图9.15.5 【拼缀图】滤镜参数设置

图9.15.6 执行"拼缀图"
命令后的效果

6）使用"纹理化"滤镜

①执行【滤镜】→【滤镜库】命令，打开【滤镜库】对话框，然后单击【纹理】左侧的▶，在展开的列表中选择【纹理化】，并设置其"纹理"为"砖形"，"缩放"为"200%"，"凸现"为"15"，"光照"为"左上"，设置及效果分别如图9.15.7和图9.15.8所示。

图9.15.7 【纹理化】滤镜参数设置

②将砖墙所在的"图层1"的"不透明度"设置为"90%"，效果如图9.15.9所示。

7）给砖墙上色

①单击【图层】面板下方的【创建新图层】▢按钮，新建"图层2"。

图9.15.8　执行"纹理化"
滤镜后的效果

图9.15.9　设置不透明度后
的效果

②将前景色的值设置为土黄色（175，120，75），并按"Alt"＋"Delete"快捷键，填充至"图层 2"中。

③再次执行【滤镜】→【滤镜库】命令，选择【纹理化】滤镜，设置其"纹理"为"砖形"，"缩放"为"200%"，"凸现"为"5"，"光照"为"左上"，设置及效果分别如图 9.15.10 和图 9.15.11 所示。

图9.15.10　【纹理化】滤镜参数设置

④将"图层 2"的图层混合模式设置为"变暗"模式，完成效果如图 9.15.12 所示。

8）保存文件

执行【文件】→【存储为】命令保存文件。

图9.15.11　使用"纹理化"
滤镜后的效果

图9.15.12　完成的效果

第10章 | 图像色彩的调整

Photoshop 提供了丰富而强大的颜色调整命令, 利用这些色彩调整命令不仅可以校正各种色彩平衡、曝光过度、曝光不足的图像颜色, 而且还可以给黑白图像上色, 调整出个人所需的图像色彩。

10.1　色彩基本知识

知识要点

- 认识色彩模式;
- 掌握色相 / 饱和度命令的运用。

知识链接

1. 认识色彩模式

大自然的颜色丰富而多彩, 要在 Photoshop 中准确地表达出来, 就要使用到色彩模式。不同的色彩模式表现色彩的原理和所能显示的颜色数量是不同的, 不同色彩模式下的图像文件大小是不同的, 存储颜色信息的通道数也是不同的, 因此, 应根据需要来选择色彩模式。如果需要表现多彩的图像, 应该选用色域范围大的颜色模式; 反之, 应选择色域范围小的颜色模式。

常用的色彩模式有 RGB 模式、CMYK 模式、Lab 模式等三种, 其中, Lab 模式的色域最宽, 包含了 RGB 和 CMYK 色域中的所有颜色。

1) HSB 模式

HSB 模式是基于人的视觉反映的色彩模式, 在此模式中, 所有的颜色都用色相或色调、饱和度、亮度三个特性来描述。

（1）色相（H）

色相, 即各类色彩的相貌称谓。是一种颜色区别于另一种颜色最显著的特征（黑、白、灰不存在色相属性）。通常, 颜色的名称是根据色相来决定的, 如红色、蓝色、绿色等。颜色体系中最基本的色相是赤、橙、黄、绿、青、蓝、紫。通过将基本颜色相互混合可以得到许许多多的颜色。

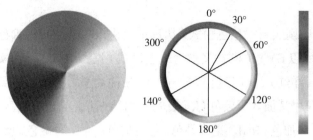

图10.1.1 色环

色环是基本色相的关系表,如图10.1.1所示。在色环中,相距15°内的颜色,色相性质相同,称为同类色,如色环中的朱红和大红;在90°范围内的颜色,称为邻近色;相距120°~180°的两种颜色,称为对比色;180°对角(每一个颜色对面)的颜色,称为互补色。

(2)饱和度(S)

饱和度是指颜色的强度或纯度,表示色相中灰色成分所占的比例,用0%~100%(纯色)来表示。

饱和度是指色彩的鲜艳程度,也称色彩的纯度。饱和度取决于该颜色中含色成分和消色成分(灰色)的比例。含色成分越大,饱和度越大;消色成分越大,饱和度越小。常用0%~100%来表示,其中,100%表示色彩纯度高。

(3)明度(B)

明度是颜色的相对明暗程度,通常用0%~100%来表示。其中,100%表示很亮;0%表示很暗。

2)RGB 模式

红(R)、绿(G)和蓝(B)常称为光的三原色。因为在自然界中肉眼所能看到的色彩,都可以由这三种色光按不同比例和强度混合来表现。由于RGB三种色光混合产生的颜色一般比原来的颜色亮度值高,因此也称之为加色模式(见图10.1.2),用于电视、显示屏等发光物体上的图像常用RGB模式。

图10.1.2 加色模式

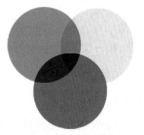

图10.1.3 减色模式

RGB模式为每个图像像素的RGB分量指定了一个介于0~255的强度值,当不同强度的三个分量混合后,可产生256×256×256(约1 670万)种颜色。例如,一种粉红色三个分量的值可能是 R=255, G=128, B=128。当 R、G、B 三个分量的值相等时,结果为灰色;当三个分量的值均为255时,结果为纯白色;当三个分量的值均为0时,结果为纯黑色。

3）CMYK 模式

CMYK 是基于印刷颜料的颜色模式。从理论上讲，C（洋红）M（青色）Y（黄色）三种油墨叠加颜色变黑，所以 CMYK 模式又称为减色模式（见图 10.1.3）。而实际上，由于油墨中含有杂质，因此，C（洋红）、M（青色）、Y（黄色）三种油墨混合无法得到纯黑色。为了得到纯黑色，因此在油墨中又加入了黑色（K）油墨。将这些油墨混合重现颜色的过程称为四色印刷。减色（CMY）和加色（RGB）是互补色。每对加色产生一种减色，反之亦然。

C（洋红）、M（青色）、Y（黄色）、K（黑色）每一种颜色均是按 100% 的油墨浓淡度来划分的。例如，一种粉红色可能包含了 0% 青色、64% 洋红、38% 黄色和 0% 黑色。在 CMYK 模式中，当 C、M、Y、K 四个分量的值均为 0% 时，就会产生纯白色；当四个分量的值均为 100% 时，就会产生纯黑色。

4）Lab 模式

Lab 模式是不依赖设备的颜色模式，即无论使用什么设备（如显示器、打印机、扫描仪等）创建或输出图像，颜色均不会产生差异。

Lab 模式所包含的颜色范围最广，能够包含所有的 RGB 和 CMYK 模式中的颜色。Lab 颜色是以一个亮度分量 L 及两个颜色分量 a 和 b 来表示颜色的。其中，L 的取值范围是 "0～100"；a 分量表示从绿色到红色的光谱变化；b 分量表示从蓝色到黄色的光谱变化。a 和 b 的取值范围均为 "–120～120"。

5）其他颜色模式

除常用的 RGB 模式、CMYK 模式和 Lab 模式之外，Photoshop 的颜色模式还有位图模式、灰度模式、双色调模式、索引颜色模式和多通道模式，并且这些颜色模式有其特殊的用途。

（1）位图模式

位图模式使用黑色和白色来表示图像的色彩，其深度为 1，因此又称为一位图像或黑白图像。位图模式的图像要求的存储空间很少，但无法表现色彩丰富的图像，仅适用于一些黑白对比强烈的图像。

（2）灰度模式

灰度模式是使用 256 级灰度来表现图像，因而其色调表现力较强，此模式下的图像较为细腻。

（3）双色调模式

双色调模式通过采用 2~4 种自定油墨创建双色调（2 种颜色）、三色调（3 种颜色）和四色调（4 种颜色）的灰度图像。将彩色图像转双色调模式时，需先转换为灰度模式，然后再转换为双色调模式。

（4）索引颜色模式

索引颜色模式是网络动画和图像常用的颜色模式，索引颜色图像包含一个 256 种颜色的颜色表，用于存放图像中的颜色并为这些颜色建立颜色索引，如果原图像中颜色不能用 256

色表现，则会从可使用的颜色中选出最相近的颜色来模拟这些颜色。

索引颜色模式可以减少图像文件的大小，但在该模式下部分工具和命令不能使用。

（5）多通道颜色模式

多通道模式常用于有特殊打印要求的图像。例如，图像如果只使用了较少的两三种的颜色时，使用多通道模式有利于减少印刷成本，并保证图像颜色的正确输出。

2. 色相 / 饱和度命令的使用

色相 / 饱和度命令常用于调整图像的色彩和色彩的鲜艳程度。执行【图像】→【调整】→【色相 / 饱和度】命令（或按"Ctrl"+"U"快捷键），打开【色相 / 饱和度】对话框，各选项的含义如下。

【全图】选择"全图"选项时针对整个图像的色彩进行调整，当然，也可以为要调整的颜色指定一个颜色范围。

【色相】调整图像的色彩。拖动滑块或直接在对应的文本框中输入数值进行调整。调整时，观察对话框下方的两个色相色谱，其中，上方的色谱是固定不变的，表示原来的颜色；下方的色谱会随着色相滑块位置的变化而变化，表示改变后的颜色。如图 10.1.4 所示，在色谱中，色相调整后，下方色谱与上方色谱对应的红色区域已变成了黄色（辣椒的果肉部分），对应的黄绿色区域已变成了蓝绿色（辣椒的茎部）。

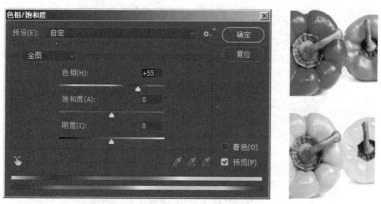

图10.1.4 【色相/饱和度】命令的参数设置及对应的效果

【饱和度】控制图像色彩的鲜艳程度，往右移动滑块，数值越高颜色越鲜艳，反之则颜色越淡，调至最低时图像就变成了灰度图像。

【明度】调整图像的明暗程度，往右移动滑块，数值越高图像越亮，反之则图像越暗。

【着色】被勾选时，可以消除图像中的黑白或彩色元素，从而转变为单色调。

操作实践

改变衣服的颜色

1）打开素材

执行【文件】→【打开】命令（按"Ctrl"+"O"快捷键），打开"\ 素材 \10.1"下的

"看海.jpg"素材文件。

2）创建裙子选区

①使用【钢笔工具】创建裙子路径，如图10.1.5所示。

②按"Ctrl"+"Enter"快捷键（或单击【路径】调板下方的【将路径作为选区载入】 ▓ 图标），得到选区。

图10.1.5 创建裙子路径

3）使用"色相/饱和度"调色

①执行【图像】→【调整】→【色相/饱和度】命令（或按"Ctrl"+"U"快捷键），将"色相"滑块拖至大约"–125"处，如图10.1.6所示，并单击"确定"按钮。

图10.1.6 设置【色相/饱和度】对话框

②执行【选择】→【取消选择】命令（或按"Ctrl"+"D"快捷键），取消选区，效果如图10.1.7所示。

图10.1.7 设置【色相/饱和度】对话框

4) 保存文件

执行【文件】→【存储为】命令保存文件。

10.2　常用校色命令的使用

知识要点

- 掌握色阶命令;
- 掌握曲线命令;
- 掌握色彩平衡。

知识链接

1. 色阶

【色阶】命令通过调整图像各个通道的明暗数量来改变图像的明暗度,从而调整图像的色调范围和色彩平衡。执行【图像】→【调整】→【色阶】命令,将弹出【色阶】对话框,如图 10.2.1 所示。

【预设】Photoshop 提供的已经预置好的效果。

【通道】用于选择所要调整的通道。

【输入色阶】通过设置阴影、中间调和高光的色调值来调整图像的色调和对比度。数值框中的数值与色阶图下面的 3 个小

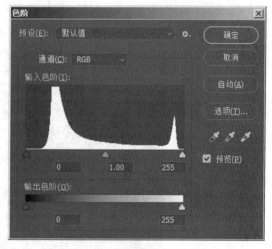

图10.2.1　【色阶】对话框

块的值是对应的。调整数值框中的数值或改变小滑块的位置都可以调整图像的明暗和对比度。

【输出色阶】通过设置输出色阶,可以减少图像的对比度。数值框中的数值与色带的 2 个小滑块的值是对应的。调整数值框中的数值或改变小滑块的位置都可以调整图像的亮度和对比度。

【自动】系统根据各颜色通道中的最暗和最亮像素自动映射为黑色和白色,然后按比例重新分布中间色调的像素值,使用此选项调整图像比较简单,但精确度不够。

【选项】单击将弹出【自动颜色校正选项】对话框。

调整图像的前后效果及【色阶】对话框如图 10.2.2 所示。

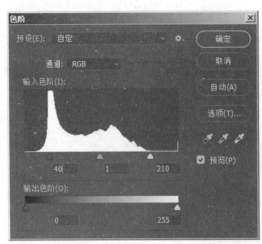

图10.2.2 【色阶】对话框的设置及图像调整前后的效果

2. 曲线

　　【曲线】命令与【色阶】命令相类似,都能调整图像的色调范围,不同点在于【色阶】只能调整亮调、暗调和中间调,而【曲线】却可以调整灰度曲线的任意一点。执行【图像】→【调整】→【曲线】命令,将弹出【曲线】对话框,如图 10.2.3 所示。

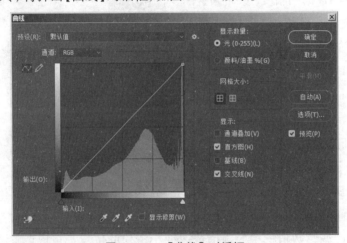

图10.2.3 【曲线】对话框

　　【预设】Photoshop 提供的已经预置好的效果。

　　【通道】用于选择需要调整的通道,并通过调整曲线来调整图像的亮度、对比度和色彩等。其中"输入"表示要调整像素的原始值,"输出"表示要调整像素调整后的值。当图像为 RGB 模式时,在曲线上单击要调整的地方,并拖动改变曲线的形状,当曲线向左上角弯曲时,图像变亮,当曲线向右下角弯曲时,图像变暗。图像为 CMYK 色彩模式时刚好相反。此外,"输入"和"输出"文本框中的值与调整点调整前后的值对应。

　　【显示数量】当图像为 RGB 模式时,默认值为光(0 ~ 255)(L),水平灰度条左边为黑色,右边为白色,表示图像原始的暗部和亮部区域;垂直灰度条下方为黑色,上方为白色,表示图像调整后的暗部和亮部区域。当图像为 CMYK 模式时,该选项默认值为颜料 / 油墨 %(G)。

灰度条的方向刚好相反。

【网格大小】有两种网格线大小选择。

【显示】控制"通道叠加""直方图""基线"和"交叉线"是否显示。

【自动】与【色阶】对话框中的【自动】功能相似，系统根据各颜色通道中的最暗和最亮像素自动映射为黑色和白色，然后按比例重新分布中间色调的像素值。

【选项】单击将弹出【自动颜色校正选项】对话框。

【曲线】对话框及调整图像的前后效果如图 10.2.4 所示。

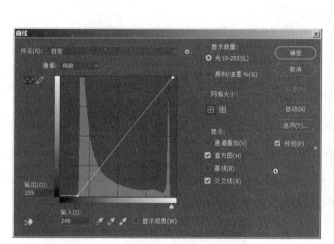

图10.2.4　【曲线】对话框的设置及图像调整前后的效果

3. 色彩平衡

【色彩平衡】命令可以改变图像色彩，进行一般性的色彩校正。执行【图像】→【调整】→【色彩平衡】命令（或按"Ctrl"+"B"快捷键），将弹出如图 10.2.5 所示的【色彩平衡】对话框。

【色彩平衡】可以在【色阶】后面的文本框中输入"−100~+100"的数值，或调节下面的 3 个小滑块来调整图像的颜色。

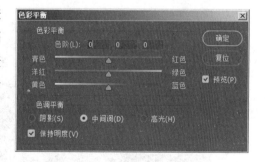

图10.2.5　【色彩平衡】对话框

【色调平衡】通过选择【阴影】【中间调】和【高光】的任一选项，分别对图像的阴影、中间调和高光部分进行调整。

【保持亮度】勾选此选项，对图像进行调整时可以保持图像的亮度不变。

调整图像的前后效果及【色彩平衡】对话框如图 10.2.6 所示。

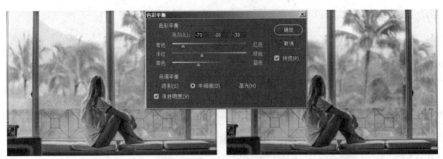

图10.2.6　执行【色彩平衡】命令调整图像前后的效果

操作实践

校正图像颜色

1）打开素材

执行【文件】→【打开】命令（或按"Ctrl"+"O"快捷键），打开"\素材\10.2"下的"kanhai.jpg"素材文件。

2）调整图像的色阶

①执行【图像】→【调整】→【色阶】命令（或按"Ctrl"+"L"快捷键），打开【色阶】对话框，发现高光和阴影区域没有细节。因此，将"输入色阶"的阴影滑块向右移动至"35"处，高光滑块向左移动至"220"处，如图10.2.7所示。

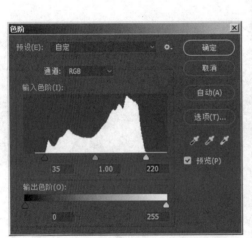

图10.2.7　对RGB通道进行图像色阶调整及前后的效果

②观察画面，发现水下的沙滩颜色较暗，带有蓝色，不够通透，需要减少蓝色。因此，在【色阶】对话框中选择"蓝"通道，将阴影滑块拖动至"15"处，如图10.2.8所示。

3）调整天空和远处的海水

远处的天空和海水偏红，需要加点蓝。

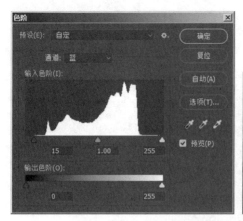

图10.2.8　对蓝通道进行色阶调整及调整后效果

①选择【快速选择工具】，并将其属性设置为"添加到选区" ，然后在画面中拖动，选出远处的天空和海水，选区如图 10.2.9 所示。

②执行【图像】→【调整】→【色彩平衡】命令（或按"Ctrl"+"B"快捷键），打开【色彩平衡】对话框，将【中间调】的色阶调整为（-25，-10，8），如图 10.2.9 所示。

③执行【选择】→【取消选择】命令（或按"Ctrl"+"D"快捷键），取消选区，效果如图 10.2.9 所示。

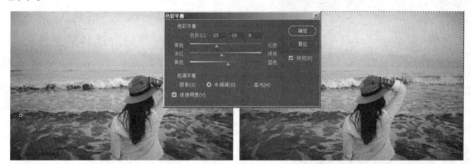

图10.2.9　使用【色彩平衡】命令调整图像及其调整的效果

4）适当提高画面的整体亮度

执行【图像】→【调整】→【曲线】命令（或按"Ctrl"+"M"快捷键），打开【曲线】对话框，拖动曲线往左上角弯曲，对应的"输入"值为"125"，"输出"值为"145"，如图 10.2.10 所示。

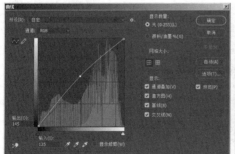

图10.2.10　执行【曲线】命令调整图像及调整后的效果

5) 保存文件

执行【文件】→【存储为】命令保存文件。

10.3　通道混合器的使用

知识要点

• 掌握通道混合器。

知识链接

通道混合器

【通道混合器】命令是通过混合当前颜色通道来改变某一颜色通道的颜色,从而实现色彩的变化。执行【图像】→【调整】→【通道混合器】命令,将弹出【通道混合器】对话框,如图10.3.1所示。

图10.3.1　【通道混合器】对话框

【输出通道】选择需要混合的颜色通道。下拉列表中的选项取决于当前图像的色彩模式。

【源通道】通过改变"红色""绿色"和"蓝色"的数值将其混合到所选择的颜色通道中。

【常数】是以原图的红通道、绿通道和蓝通道按不同百分比计算后,在色阶图上再加一个偏移量,向亮部方向还是向暗部方向偏移多少的一个数量,这个色阶明暗度的偏移量由"255× 常数"得到。例如,某通道的常数为50%,调整后新色阶图偏移128(255×50%),即原色阶图是0的纯黑色区域就变成了色阶为128的中灰区域,色阶是128的中灰区域就变成了纯白区域,如果常数为负值,则刚好相反,意味着减少,向暗部偏移。

【单色】勾选此选项,可以将所设置的数值应用于所有输出通道,创建的是只包含灰色值的彩色模式图像。

如图10.3.2所示是使用了【通道混合器】调整图像的参数及调整前后效果。

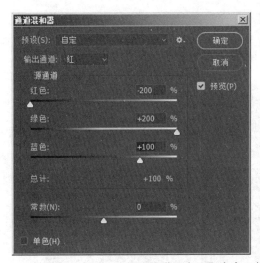

图10.3.2　执行【通道混合器】命令调整图像及其调整前后的效果

操作实践

制作清新画面的照片

1）打开素材

执行【文件】→【打开】命令（或按 "Ctrl" + "O" 快捷键），打开 "\ 素材 \10.3" 下的 "SHmM. jpg" 素材文件。

2）使用【通道混合器】增强图像的绿色

执行【图像】→【调整】→【通道混合器】命令，打开【通道混合器】对话框，选择【输出通道】为 "绿" 通道，并在 "红色" "蓝色" 源通道中各增加 "6%"，"常数" 也增加 "6%"，【通道混合器】对话框及图像调整前后的效果如图 10.3.3 所示。

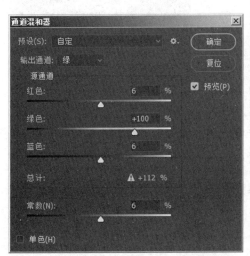

图10.3.3　执行【通道混合器】命令调整图像及其调整前后的效果

3）使用【曲线】提高图像的整体亮度

执行【图像】→【调整】→【曲线】命令，打开【曲线】对话框，拖动曲线往左上角弯曲，对应的"输入"值为"115"，"输出"值为"135"，如图10.3.4所示。

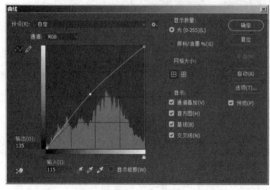

图10.3.4　执行【曲线】命令调整图像及调整后的效果

4）使用【光照效果】滤镜增加脸部光线

①按"Ctrl"+"J"复制背景图层，并生成"图层1"。

②执行【滤镜】→【渲染】→【光照效果】命令，打开【光照效果】滤镜对话框，使用鼠标调整光圈如图10.3.5（a）所示，并在属性面板中设置"颜色"为"25"，"聚光"为"70"，"着色"为"–15"，"光泽"为"50"，"金属质感"为"0"，"环境"为"65"。属性面板的参数设置如图10.3.5（b）所示。

（a）　　　　　　　　　　　　　　　　　　　（b）

图10.3.5　使用【光照效果】滤镜调整图像及调整后的效果

③更改"图层1"的混合模式为"柔光"，完成效果如图10.3.6所示。

图10.3.6　完成后效果

5）保存文件

执行【文件】→【存储为】命令保存文件。

10.4　其他的调色命令

知识要点

- 掌握照片滤镜命令；

- 掌握渐变映射命令；

- 掌握可选颜色命令；

- 掌握曝光度命令；

- 掌握阴影／高光命令；

- 掌握 HDR 色调命令。

知识链接

1. 照片滤镜

【照片滤镜】命令是一款调整图片色温的工具，通过模拟在相机的镜头前增加彩色滤镜，自动过滤掉某些暖色或冷色光，从而起到控制图片色温的效果。执行【图像】→【调整】→【照片滤镜】命令，将弹出【照片滤镜】对话框，如图 10.4.1 所示。

【滤镜】该选项可以选择 Photoshop 预设的滤镜。

图10.4.1　【照片滤镜】对话框

【颜色】该选项使用颜色自定义滤镜。

【浓度】可以控制滤镜颜色的浓淡程度。

【明度】是否保持高光部分,勾选后有利于保持图片的层次感。

如图10.4.2 所示是使用了【照片滤镜】调整图像的参数及调整前后效果。

图10.4.2　执行【照片滤镜】命令调整图像及其调整前后的效果

2. 渐变映射

【渐变映射】命令是将相等的图像灰度范围映射到指定的渐变填充色。在使用时,渐变映射首先会将照片去色变成黑白,然后从明度的角度分为:暗部、中间调和高光。在渐变映射中的渐变颜色条从左到右对应的就是照片暗部、中间调和高光区域。执行【图像】→【调整】→【渐变映射】命令,将弹出【渐变映射】对话框。

如图 10.4.3 所示是使用了【渐变映射】调整前后的效果。其中,渐变颜色条左边的 RGB 值为(55, 5, 55),右边的 RGB 值为(240, 220, 160)。

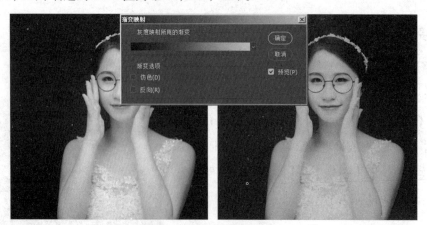

图10.4.3　执行【渐变映射】命令调整图像及其调整前后的效果

3. 可选颜色

【可选颜色】命令可以有选择地单独修改每个"主要原色成分"中的"印刷色"数量，而不会影响其他主要颜色。执行【图像】→【调整】→【可选颜色】命令，将弹出【可选颜色】对话框，如图10.4.4所示。

【颜色】该选项选择要调整的颜色。可调整的颜色主要分为三组：红色、绿色、蓝色，青色、洋红、蓝色，白色、黑色、中性灰。

【方法】在同样的条件下，通常"相对"选项对颜色的改变幅度小于"绝对"选项，而且"相对"选项对不存在的油墨不起作用，"绝对"选项可以向图像中的某一种原色内添加不存在的油墨颜色。

图10.4.4　【照片滤镜】对话框

如图10.4.5所示是使用了【可选颜色】调整图像的参数及调整前后效果。

图10.4.5　执行【可选颜色】命令调整图像及其调整前后的效果

4. 曝光度

【曝光度】命令是用来模拟数码相机内部的曝光程序对图片进行二次曝光处理，一般用于调整相机拍摄的曝光不足或曝光过度的照片。执行【图像】→【调整】→【曝光度】命令，将弹出【曝光度】对话框。

【预设】：Photoshop中预置的曝光参数。

【曝光度】：向左拖曳滑块降低曝光度，向右拖曳滑块增加曝光度，对亮部效果显著。

【位移】：左右拖动滑块降低或提高曝光度，对中间调和暗部效果显著。

【灰度系数校正】：调整灰度系数，可以提高图像的反差，使发灰的图像变得清晰。

如图10.4.6所示是使用了【曝光度】调整图像的参数及调整前后效果。

图10.4.6　执行【曝光度】命令调整图像及其调整前后的效果

5. 阴影／高光

【阴影／高光】命令是根据图像中阴影或高光的像素色调来控制图像的增亮或变暗。该命令可以修复图像中过暗或过亮的区域,从而使图像呈现更多的细节,常用于校正强逆光而形成剪影的照片或太接近闪光灯而有些发白的焦点。执行【图像】→【调整】→【阴影／高光】命令,将弹出【阴影／高光】对话框。

【阴影】数量选项,用于调整阴影部分的数量,提高阴影部分的亮度;色调选项,调整阴影色调的修改范围,较小的值会限制只对较暗区域进行阴影的校正;半径选项,调整像素相邻范围的大小,较小的半径值将指定较小的区域。

【高光】与【阴影】中各选项的原理相同。

【调整】颜色,在图像的已更改区域中微调颜色;中间调,调整中间调中的对比度;修剪黑色,数值越大,图像暗调区域越暗;修剪白色,数值越大,图像亮调区域越亮。

如图10.4.7所示是使用了【高光／阴影】调整图像的参数及调整前后效果。

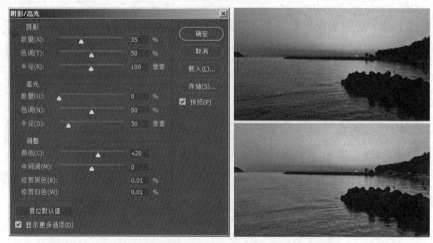

图10.4.7　执行【阴影/高光】命令调整图像及其调整前后的效果

6.HDR 色调

HDR 的全称是 Hign Dynamic Range，即高动态范围。【HDR 色调】命令通过模拟相机在同一光线条件下采用不同曝光量拍摄多张照片，然后合成一张曝光比较准确的较高质量图像的过程，此过程将曝光的动态范围扩大。【HDR 色调】命令可用于修补太亮或太暗的图像，制作出高动态范围的图像效果。执行【图像】→【调整】→【HDR 色调】命令，将弹出【HDR 色调】对话框，如图 10.4.8 所示。

【预设】Photoshop 预选设置好的色调参数。

【边缘光】半径，调整发光效果的大小；强度，调整发光效果的强度对比度；平滑边缘，提升细节时启用边缘保留平滑。

【色调和细节】灰度系数，调整高光和阴影之间的差异；曝光度，调整图像的整体色调；细节，查找图像细节。

【高级】阴影，调整阴影区域的明亮度；高光，调整高光区域的明亮度；自然饱和度，调整图像颜色的鲜艳度；饱和度，与自然饱和度类似，但调整幅度较"自然饱和度"大。

【色调曲线和直方图】用于调整全色彩通道的亮度。

图 10.4.8 是使用了【HDR 色调】调整图像的参数及调整前后效果。

图10.4.8　执行【HDR色调】命令调整图像及其调整前后的效果

操作实践

制作不一样的色彩

1）打开素材

执行【文件】→【打开】命令（或按"Ctrl"＋"O"快捷键），打开"\ 素材 \ 第 10 章"

图10.4.9　素材

下的"SJb2. jpg"素材文件, 如图10.4.9所示。

2) 使用【渐变映射】调出不一样的色彩

执行【图像】→【调整】→【渐变映射】命令, 打开【渐变映射】对话框, 并单击"灰度映射所用的渐变"打开【渐变编辑器】, 分别在0%、30%、100% 位置处设置颜色值为(0, 0, 0)、(170, 100, 5) 和(255, 255, 255), 如图10.4.10所示。

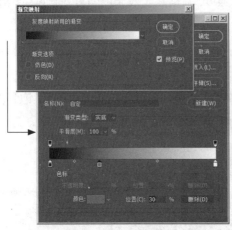

图10.4.10　执行【渐变映射】命令调整图像及调整后的效果

3) 使用【可选颜色】添加青色

执行【图像】→【调整】→【可选颜色】命令, 打开【可选颜色】对话框。在【颜色】选项中选择"黑色", 并将"青色"调至"50%", 在黑色范围内添加青色。参数对话框及效果如图10.4.11所示。

图10.4.11　执行【可选颜色】命令调整图像及调整后的效果

4) 保存文件

执行【文件】→【存储为】命令保存文件。

10.5 综合应用

操作实践

制作有质感的怀旧色调效果

1）打开素材

执行【文件】→【打开】命令（或按"Ctrl"+"O"快捷键），打开素材文件"youyu.jpg"。

2）调整图像的色阶

执行【图像】→【调整】→【色阶】命令（或按"Ctrl"+"L"快捷键），打开【色阶】对话框，发现高光和阴影区域没有细节。因此，将"输入色阶"的阴影滑块向右移动至"50"处，高光滑块向左移动至"200"处，参数设置及效果如图 10.5.1 所示。

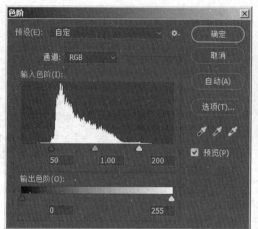

图10.5.1 执行【色阶】命令调整图像及其调整前后的效果

3）使用曲线调整偏色图像

执行【图像】→【调整】→【曲线】命令（或按"Ctrl"+"M"快捷键），打开【曲线】对话框。由于图像偏黄，且有点偏暗，因此，需对图像减黄加蓝和整体加亮，对所有的通道进行调整。

在"蓝"通道中，调节点 1 的值为"40"，输出为"60"；调节点 2 的值为"140"，输出为"200"。

在"绿"通道中，输入为"190"，输出为"180"。

在"红"通道中，输入为"190"，输出为"175"。

在"RGB"通道中，输入为"120"，输出为"130"。

具体参数设置及效果如图 10.5.2—图 10.5.6 所示。

4）HDR 调出高质量的清晰照片

执行【图像】→【调整】→【HDR 色调】命令，打开【HDR 色调】对话框，设置参数如图 10.5.7、图 10.5.8 所示。

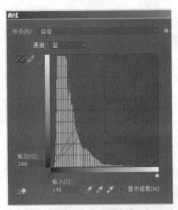

图10.5.2　调整蓝通道

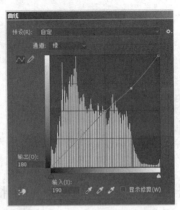

图10.5.3　调整绿通道

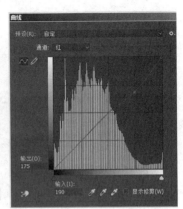

图10.5.4　调整红通道

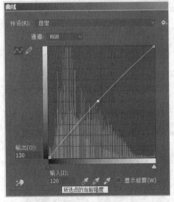

图10.5.5　调整RGB通道

图10.5.6　使用【曲线】调整后的效果

图10.5.7　使用【HDR色调】调整

图10.5.8　使用【HDR色调】调整后的效果

5）调出清新效果

①复制"蓝"通道。选择【通道】面板下的"蓝"通道，执行【选择】→【全选】命令（或按"Ctrl"+"A"快捷键），全选该通道，然后再执行【编辑】→【拷贝】命令（或按"Ctrl"+"C"快捷键），将"蓝"通道拷贝。

②转换色彩模式为"Lab"模式。执行【图像】→【模式】→【Lab 颜色】命令,将图像的色彩模式转为"Lab"模式。

③复制"背景"图层。拖动"背景"图层至【图层】面板下方的【创建新图层】⬜上,得到"背景拷贝"图层。

④在【通道】面板的"b"通道中粘贴刚才复制的"蓝"通道,此时图像效果如图10.5.9所示。

⑤返回【图层】面板中,将"背景拷贝"图层的"不透明度"调整为"25%",效果如图10.5.10 所示。

图10.5.9　对"b"通道进行操作后的效果　　　　图10.5.10　调整图层不透明度后的效果

6）保存文件

执行【文件】→【存储为】命令保存文件。

第11章 | GIF 动画制作

Photoshop 自 CS3 Extended（扩展）版本开始就具备动画制作功能。使用 Photoshop 制作的 GIF 动画具有体积小、便于传输的特点。因此，GIF 动画常作为网页动画、彩信等出现在网页和手机中。

11.1 制作帧动画

知识要点

- 认识帧动画；
- 创建帧动画；
- 掌握变形命令的使用。

知识链接

1. 认识帧动画

帧动画是一种常见的动画形式（Frame By Frame）。其原理是，在一段时间内显示一系列的图像或帧，而相邻帧的内容都是不同的，连续、快速地显示这些帧将产生运动或其他变化的视觉效果。

执行【窗口】→【时间轴】命令可打开【时间轴】面板，在面板中单击"创建帧动画"按钮，将切换到"帧动画"模式，"帧动画"面板中各按钮选项如图 11.1.1 所示。

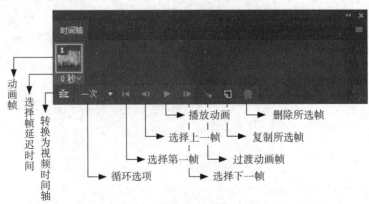

图11.1.1 【时间轴】面板

2. 创建帧动画

在 Photoshop 中制作帧动画,可通过控制图层的可视性——显示和隐藏来制作动画。在制作前考虑好动画运动的可能性,合理安排好图层的位置。如图 11.1.2 所示,将素材"野菊花.jpg""玫瑰.jpg""向日葵.jpg"拖入新建的文件中,调整好画面大小和图层顺序,然后再执行【窗口】→【时间轴】命令打开【时间轴】调板。

图11.1.2   "野菊花.jpg""玫瑰.jpg""向日葵.jpg"素材

在调板上单击【复制所选帧】 按钮 2 次,复制 2 个"第 1 帧"。然后对【时间轴】调板上的每一"帧"设置【选择帧延迟时间】为"1 秒";【循环选项】设置为"永远",并对每一"帧"设置不同的图层显示,如图 11.1.3—图 11.1.5 所示。

图11.1.3   第1帧及对应的图层设置

图11.1.4   第2帧及对应的图层设置

图11.1.5   第3帧及对应的图层设置

设置完毕后,即可单击【复制所选帧】 按钮播放或调试动画。

3. 导出动画

Photoshop 既可以导出 GIF 格式动画,还可导出 MP4 视频文件。

1）导出 GIF 格式动画

①执行【文件】→【导出】→【存储为 Web 所用格式（旧版）】命令（或按"Ctrl"+"Shift"+"Alt"+"S"快捷键），打开【存储为 Web 所用格式】对话框，如图 11.1.6 所示。在"优化的文件格式"列表框中选择"GIF"格式。

②单击"存储"按钮，弹出"将优化结果存储为"对话框，如图 11.1.7 所示，选择存储的路径及格式后，单击"保存"按钮，并确定弹出的信息提示框，即可将动画输出为 GIF 动画。

图11.1.6　【存储为Web所用格式】对话框　　　图11.1.7　"将优化结果存储为"对话框

2）导出视频动画

执行【文件】→【导出】→【渲染视频】，打开【渲染视频】对话框，如图 11.1.8 所示，选择"Adobe Media Encoder"选项，并选择要保存的文件后，单击"渲染"按钮即可输出 MP4 格式的视频。

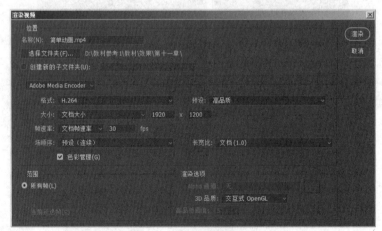

图11.1.8　【渲染视频】对话框

4. 操控变形

【操控变形】命令能够快速地改变物体的形状和动作，常应用于 gif 动画的制作。执行【编辑】→【操控变形】命令，Photoshop 属性栏中将显示【操控变形】命令的相关属性，如图 11.1.9 所示。

| 模式: | 正常 | 浓度: | 正常 | 扩展: | 2 像素 | ✓ 显示网格 | 图钉深度: | 旋转: | 自动 | | 度 | ↺ ⊘ ✓ |

图11.1.9　【操控变形】命令的属性栏

【模式】在该选项的下拉列表中包含了 3 个选项, 分别为 "刚性" "正常" 和 "扭曲"。如果选择 "刚性", 变形效果精确, 但是缺少柔和的过度; 如果选择 "正常", 变形效果准确, 过渡柔和; 如果选择 "扭曲", 则可以在变形的同时创建透视效果。

【浓度】该选项是指操控变形时的网格密度。它的下拉列表中包含了 3 个选项, 分别为 "较少点" "正常" 和 "较多点"。

【扩展】该选项用来设置变形效果的缩减范围。像素值较大时, 变形网格的范围会向外扩张, 且变形之后, 图像的边缘会更加平滑; 反之, 像素值较小时, 则图像的边缘变化效果会很生硬。

【显示网格】勾选该复选框后, 可以在图像上显示变形网格; 取消勾选后, 则隐藏网格。如图 11.1.10 为变形前的图像效果, 图 11.1.11 为变形时显示网格的效果。

图11.1.10　原图像　　　　　　　　　　　　图11.1.11　变形时显示网格的效果

【图钉深度】选择一个图钉, 单击第一个 按钮, 可以将其向上层移动一个堆叠顺序; 单击第二个 按钮, 则可以将其向下层移动一个堆叠顺序。图 11.1.12 为对脚采用了上层移动堆叠顺序后的效果, 图 11.1.13 为使用向下层移动堆叠顺序后的效果。

图11.1.12　使用向上层移动堆叠顺序后的效果　　　图11.1.13　使用向下层移动堆叠顺序后的效果

【旋转】如果选择"自动"选项，在拖动图钉对图像进行扭曲时，Photoshop 会自动对图像内容进行旋转操作；如果设置准确的旋转角度，则需要选择"固定"选项，然后在其右侧的文本框中输入需要旋转的角度值。除此之外，选择一个图钉后，按"Alt"键，当出现变换框和旋转箭头时，这时拖动鼠标也可旋转图像。

操作实践

1. 制作节日动画贺卡——父亲节快乐

1）添加素材

执行【文件】→【打开】命令（或按"Ctrl"+"O"快捷键），打开素材文件"阳光与鲜花.jpg"和"父爱.jpg"，并将"父爱.jpg"中的父子用钢笔工具抠出，移至"阳光与鲜花.jpg"文件中，调整好方向、大小和位置，效果及【图层】面板如图 11.1.14 所示。

图11.1.14　合成的图像效果及对应的【图层】面板

2）校正合成图像的颜色

添加人像后的图像，由于背景主要颜色为青色，偏冷色调，而人像偏暖色调，因此需要校正合成后的图像颜色。

选择父子所在的"图层 1"，执行【图像】→【调整】→【色彩平衡】命令（或按"Ctrl"+"B"快捷键），打开【色彩平衡】对话框。调整图像"阴影"部分的色阶为（0，0，−15），"中间调"的色阶为（−8，12，−10），"高光"部分的色阶为（−15，−25，5），如图 11.1.15 所示。

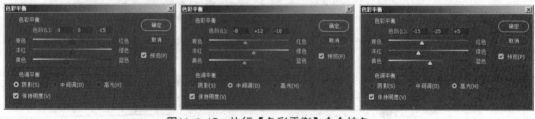

图11.1.15　执行【色彩平衡】命令校色

3）添加文字

①选择【横排文字工具】，并设置其属性：字体为"Jokerman"，大小为"60 点"，颜色为"f03333"，字体形式为"仿粗体"，如图 11.1.16 所示。

②用鼠标拖动刚刚创建的文字图层至【图层】面板下方的【创建新图层】 按钮上进

行复制，并修改复制的文字颜色为"fe6204"，此时，【图层】面板的状态如图 11.1.17 所示。

图11.1.16　设置文字属性

图11.1.17　输入文字后的
【图层】面板状态

③选择文字图层，并单击【图层】面板下方的【添加图层样式】fx按钮，给文字图层添加"描边"和"阴影"样式。参数如图 11.1.18 所示。

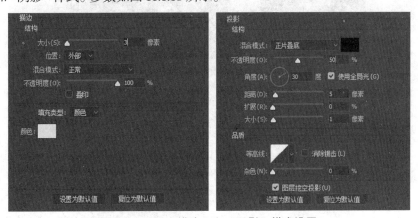

图11.1.18　"描边"和"阴影"样式设置

4）设置动画

①执行【窗口】→【时间轴】命令，打开【时间轴】面板，并在面板中单击"创建帧动画"按钮，切换到"帧动画"模式。

②选择第一帧并设置【选择帧延迟时间】为"0.5 秒"；【循环选项】设置为"永远"。

③在调板上单击【复制所选帧】◰按钮，复制"第 1 帧"。

④分别设置"第 1 帧""第 2 帧"显示不同的图层，设置如图 11.1.19 和图 11.1.20所示。

5）导出动画

执行【文件】→【导出】→【存储为 Web 所用格式（旧版）】命令（或按"Ctrl"+"Shift"+"Alt"+"S"快捷键），导出 GIF 动画，动画画面如图 11.1.21 所示。

图11.1.19　第1帧及对应的图层设置

图11.1.20　第2帧及对应的图层设置

图11.1.21　完成的动画画面

2. 制作蝴蝶振翅飞动效果——蝶恋花

1) 添加素材

执行【文件】→【打开】命令(或按"Ctrl"+"O"快捷键),打开素材文件"牡丹.jpg"和"蝴蝶.jpg",并使用魔棒工具将"蝴蝶.jpg"文件中的蝴蝶选出,移至"牡丹.jpg"文件中,调整好方向、大小和位置,效果及【图层】面板如图11.1.22所示。

2) 创建蝴蝶移动的路线动画

①执行【窗口】→【时间轴】命令,打开【时间轴】面板,并在面板中单击"创建帧动画"按钮,切换到"帧动画"模式。

图11.1.22　合成的图像效果及对应的【图层】面板

②选择第一帧并设置【选择帧延迟时间】为"0.1 秒";【循环选项】设置为"永远"。

③在调板上单击【复制所选帧】 按钮 2 次,复制 2 个"第 1 帧"。

④分别设置"第 1 帧""第 2 帧"和"第 3 帧"。"第 1 帧":保持蝴蝶在画面右下角处不变;"第 2 帧":使用【移动工具】将蝴蝶移至花蕊处;"第 3 帧":使用【移动工具】将蝴蝶移至画面左上角,效果如图 11.1.23—图 11.1.25 所示。

图11.1.23　第1帧画面

图11.1.24　第2帧画面

图11.1.25　第3帧画面

3)制作蝴蝶振翅效果

通过蝴蝶翅膀大小变化、不透明度变化,以及画面快速运动来模拟和实现蝴蝶振翅的效果。

①由于整个振翅的过程,蝴蝶的大小发生改变,因此,需要复制多个图层。

首先,选择"第 2 帧",并在【图层】面板中,拖动蝴蝶所在的"图层 1"至【图层】面板下方的【创建新图层】 按钮上进行复制,创建"图层 1 拷贝"图层。

接着,执行【编辑】→【自由变换】命令(或按"Ctrl"+"T"快捷键),并设置水平缩放和垂直缩放均为"75%",对"图层 1 拷贝"图层中的蝴蝶进行缩放。

最后,隐藏"图层 1 拷贝",这时的【图层】面板如图 11.1.26 所示。

②保持选择"第 2 帧",然后单击调板上【复制所选帧】 按钮 5 次,复制 5 个"第 2 帧",这时,【时间轴】面板如图 11.1.27 所示。

③重新检查并设置"第 1 帧"至"第 8 帧"。

"第 1 帧""第 8 帧":检查"第 1 帧"和"第 8 帧"中"图层 1 拷贝"图层是否显示,如果显示则单击图层左边的 将其隐藏。

"第 2 帧""第 5 帧":保持原来的位置不变,如图 11.1.28 所示。

"第 3 帧""第 6 帧":将"图层 1"的不透明度调整为"75%",如图 11.1.29 所示。

"第 4 帧""第 7 帧":隐藏"图层 1",显示"图层 1 拷贝",如图 11.1.30 所示。

图11.1.26　制作动画前的
【图层】面板

图11.1.27　复制帧后的【时间轴】面板态

图11.1.28　"第2帧"和"第5帧"的【图层】面板状态和画面效果

图11.1.29　"第3帧"和"第6帧"的【图层】面板状态和画面效果

图11.1.30　"第4帧"和"第7帧"的【图层】面板状态和画面效果

4）创建过渡帧

①为"第2帧"创建过渡帧。选择"第2帧"，并单击【时间轴】面板下方的【过渡动画帧】 按钮，打开【过渡】对话框，设置"过渡方式"和"要添加的帧数"如图11.1.31所示。

②原来的"第2帧"由于在其之前添加了帧，这时已变成了"第5帧"，如图11.1.32所示。

图11.1.31 设置【过渡】对话框　　　　图11.1.32 为第2帧创建过渡帧后的【时间轴】面板

③为最后一帧创建过渡帧。选择最后一帧,即"第 11 帧",并单击【时间轴】面板下方的【过渡动画帧】按钮,打开【过渡】对话框,设置"过渡方式"为"上一帧,"要添加的帧数"为"3",创建过渡帧后的【时间轴】面板如图 11.1.33 所示。

图11.1.33 为最后一帧创建过渡帧后的【时间轴】面板

5)导出动画

执行【文件】→【导出】→【存储为 Web 所用格式(旧版)】命令(或按""Ctrl"+"Shift"+"Alt"+"S"快捷键)导出 GIF 动画。

3. 制作下雪动画效果

1)打开素材

执行【文件】→【打开】命令(或按"Ctrl"+"O"快捷键)打开素材文件"S1xdp. jpg"。

2)制作下雪效果

①单击【图层】面板下方的【创建新图层】 ⬛ 按钮,新建"图层 1",并填充"黑色"。

②将颜色设置为"默认前景色和背景色",然后执行【滤镜】→【像素化】→【点状化】命令打开【点状化】对话框,设置"单元格大小"为数字"5—12"(不宜过大,合适就好),如图11.1.34 所示。

③由于雪是白色的,因此要去除画面中的彩色。执行【图像】→【调整】→【去色】命令(或按"Shift"+"Ctrl"+"U"快捷键),使画面仅出现黑色和白色。

④执行【滤镜】→【模糊】→【动感模糊】命令,打开【动感模糊】对话框,设置角度为"30°",距离为"12"像素,如图 11.1.35 所示。

⑤将图层的混合模式设置为"滤色",过滤掉黑色,如图 11.1.36 所示。

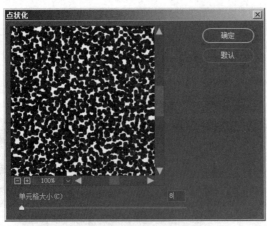

图11.1.34 【点状化】对话框的设置及执行效果

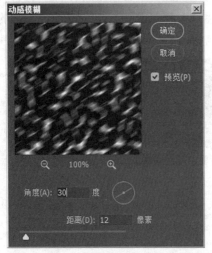

图11.1.35 【动感模糊】对话框的设置　　　　　　　图11.1.36 制作的静态下雪效果

3）调整"雪"所在的图层大小

①选择【缩放工具】，按"Alt"键的同时单击画面，缩小画布的显示。

②选择"图层1"，执行【编辑】→【自由变换】命令（或按"Ctrl"+"T"快捷键），将"图层1"右上角的控制点往右上方拖动至合适的位置，如图11.1.37所示，然后确认变换。

4）制作动画效果

①执行【窗口】→【时间轴】命令，打开【时间轴】面板，并在面板中单击"创建帧动画"按钮，切换到"帧动画"模式。

②选择第一帧并设置【选择帧延迟时间】为"0.3秒"；【循环选项】设置为"永远"。

③在调板上单击【复制所选帧】按钮［　］，复制"第1帧"，然后选中该复制帧，使用【移动工具】将"图层1"的右上角对齐画布的右上角。

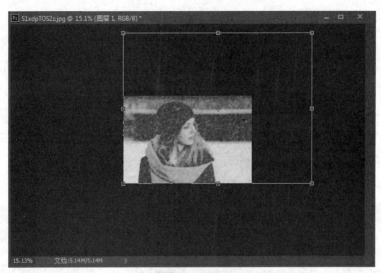

图11.1.37　对"雪"图层执行自由变换时的状态

④为"第 2 帧"创建过渡帧。选择"第 2 帧",并单击【时间轴】面板下方的【过渡动画帧】
按钮,打开【过渡】对话框,设置"过渡方式"和"要添加的帧数"如图 11.1.38 所示。
此时的【时间轴】面板如图 11.1.39 所示。

图11.1.38　为"第2帧"创建过渡帧

图11.1.39　"第2帧"创建过渡帧后的
【时间轴】面板

5)导出动画

执行【文件】→【导出】→【存储为 Web 所用格式(旧版)】命令(或按"Ctrl"+"Shift"+
"Alt"+"S"快捷键),导出 GIF 动画。

4.悠闲散步的 QQ

1)打开素材

执行【文件】→【打开】命令(或按"Ctrl"+"O"快捷键),打开素材文件"QQ.jpg",如图
11.1.40 所示。

2）制作动画前的准备

①将 QQ 从背景中抠出。使用【魔棒工具】选择除 QQ 外的浅蓝色区域，执行【选择】→【反选】命令，得到 QQ 选区；然后，再按 "Ctrl"+"J" 快捷键，即可拷贝并生成新的 QQ 图层；最后将背景填充为浅蓝色。

②制作 QQ 左手和右脚抬起的效果。复制 QQ 所在的 "图层 1"，得到 "图层 1 拷贝"。在 "图层 1 拷贝" 上执行【编辑】→【操控变形】命令，然后给 QQ 钉上图钉，并拖动调整图钉使 QQ 的左手和右脚抬起，如图 11.1.41 所示。

③制作 QQ 右手和左脚抬起的效果，方法同上，效果如图 11.1.42 所示。

图11.1.40　素材QQ

图11.1.41　左手和右脚
抬起的效果

图11.1.42　右手和左脚
抬起的效果

3）制作动画

①执行【窗口】→【时间轴】命令，打开【时间轴】面板，并在面板中单击 "创建帧动画" 按钮，切换到 "帧动画" 模式。

②选择第一帧并设置【选择帧延迟时间】为 "0.3 秒"；【循环选项】设置为 "永远"。

③在调板上单击【复制所选帧】　按钮 2 次，复制 2 个 "第 1 帧"，这时帧面板上共有 3 帧。

④设置帧动画。各帧及对应的【图层】面板如图 11.1.43—图 11.1.45 所示。

第一帧：仅显示 "图层 1" 图层，其他图层隐藏。

第二帧：仅显示 "图层 1 拷贝" 图层，其他图层隐藏。

第三帧：仅显示 "图层 1 拷贝 2" 图层，其他图层隐藏。

图11.1.43　"第1帧" 的【图层】面板状态和画面效果

图11.1.44　"第2帧"的【图层】面板状态和画面效果

图11.1.45　"第3帧"的【图层】面板状态和画面效果

4）导出动画

执行【文件】→【导出】→【存储为 Web 所用格式（旧版）】命令（或按 "Ctrl" + "Shift" + "Alt" + "S" 快捷键）导出 GIF 动画。

11.2　时间轴动画

知识要点

- 认识时间轴动画；
- 创建时间轴动画。

知识链接

1. 认识时间轴动画

使用时间轴制作动画是最常用的制作动画方式，该方式广泛运用于许多影视制作软件中。

执行【窗口】→【时间轴】命令可打开【时间轴】面板，在面板中单击 "创建视频时间轴" 选项，将切换到 "时间轴动画" 模式。如果当前为 "帧动画" 模式，则可以单击面板左下角的【转换为视频时间轴】 按钮切换。

Photoshop 有 5 种类型的图层，分别为像素图层、调整图层、文字图层、形状图层以及智能对象。在【时间轴】面板中，不同类型的图层有着不同的动作属性，如图 11.2.1—图 11.2.5 所示。

图11.2.1 像素图层的动作属性　　图11.2.2 调整图层的动作属性　　图11.2.3 文字图层的动作属性

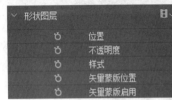

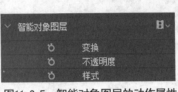

图11.2.4 形状图层的动作属性　　图11.2.5 智能对象图层的动作属性　　图11.2.6 创建关键帧

【位置】像素图层中元素移动的位置，也可以理解成位移，它不包含旋转和缩放，形状图层需要启动矢量蒙版，该属性才会产生移动动画效果。

【不透明度】控制图层对象的整体透明度。

【样式】通过控制图层中各种样式的参数（如颜色、角度、大小、不透明度等）变化产生丰富的动画效果。

【变换】包含图层对象的移动控制和变形控制，可以产生旋转、缩放、翻转动画效果，很多情况下需要把图层类型转换为智能对象才有效。

【图层蒙版位置】具有控制动画效果范围的作用。

【矢量蒙版位置】控制形状图层对象的移动。

【关键帧】◆角色或者物体运动变化关键动作所处的那一帧。单击【启动关键帧动画】⏱小按钮可以启动关键帧动画，并在时间标杆所在位置自动添加关键帧，如图11.2.6所示。如果还要继续添加关键帧，则须先拖动时间标杆至需要添加关键帧的时间点处，然后单击◆添加关键帧。如果要删除关键帧，而可再次单击菱形关键帧按钮。

2. 创建时间轴动画

在Photoshop中制作时间轴动画前，需准备好素材或动画对象。图11.2.7为制作镜头移动动画而准备的素材。分别将"背景"和"图层1"图层转换为"智能对象"（在右键弹出的菜单中选择"转换为智能对象"）后，执行【窗口】→【时间轴】命令打开【时间轴】调板，并单击"创建视频时间轴"选项，切换到"时间轴动画"模式，然后开始时间轴动画的制作。

①选择"图层0"并设置其【变换】动作属性：

添加起始点关键帧：单击【启动关键帧动画】⏱小按钮启动关键帧动画，在时间标杆所在的起始位置自动添加关键帧。

添加及设置结束点关键帧：拖动时间标杆至时间轴的结束点处，单击◆添加关键帧，然后执行【编辑】→【自由变换】命令（或按"Ctrl"+"T"快捷键），按"Shift"键的同时，拖动变形框角点将图层等比例放大约120%，如图11.2.9所示。

图11.2.7　素材

图11.2.8　转换为智能对象后的
【图层】面板

②同样方法选择"图层 0"并设置其【变换】动作属性,【时间轴】面板相关动作属性如图
11.2.10 所示。

图11.2.9　执行自由变换时的状态

图11.2.10　【时间轴】面板的动作属性设置

③执行【文件】→【导出】→【存储为 Web 所用格式(旧版)】命令(或按"Ctrl"+"Shift"+
"Alt"+"S"快捷键)导出 GIF 动画。

操作实践

制作加载动画

1)新建文件

执行【文件】→【新建】命令(或按"Ctrl"+"O"快捷键),在打开的【新建】对话框中,设
置文件的大小为 500 px×500 px。

2)创建带有样式的圆环

①单击【图层】面板下方的【创建新图层】 按钮,新建"图层 1"。

②选择【椭圆选框工具】,在画布上,按"Shift"键的同时拖动,绘制正圆,并填充任
意颜色。

③执行【选择】→【变换选区】命令,将选区等比例缩小至原来的 75%,并按"Delete"
键删除该区域的内容,得到圆环,取消选区后效果如图 11.2.11 所示。

④使用右键单击圆环所在的"图层 1",在弹出的右拉菜单中选择【混合选项】,打开

【图层样式】对话框。在【图层样式】对话框中勾选【渐变叠加】选项，并进行相关设置，如图 11.2.12 所示。

图11.2.11　制作的圆环　　　　　　　图11.2.12　设置"渐变叠加"样式

3）制作动画效果

①执行【窗口】→【时间轴】命令，打开【时间轴】面板，并在面板中单击"创建视频时间轴"按钮，切换到"时间轴动画"模式，并调整时间轴长度为"02:00f"处。

②选择"图层 1"并设置其【样式】动作属性。

添加起始点关键帧：单击【启动关键帧动画】 ⏱ 小按钮启动关键帧动画，在时间标杆所在的起始位置自动添加关键帧。

添加及设置中间点关键帧：拖动时间标杆至时间轴的中间点"01:00f"处，单击◇添加关键帧，然后修改【渐变叠加】样式，如图 11.2.13 所示。

添加及设置结束点关键帧：拖动时间标杆至时间轴的结束点处，单击◇添加关键帧，再次修改【渐变叠加】样式，如图 11.2.14 所示。

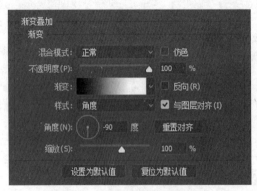

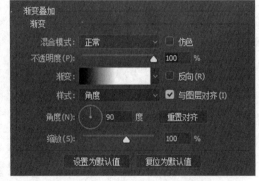

图11.2.13　设置中间点关键帧的样式　　　图11.2.14　设置结束点关键帧的样式

此时，动画的【时间轴】面板如图 11.2.15；三个关键帧对应的画面如图 11.2.16 所示。

4）导出动画

执行【文件】→【导出】→【存储为 Web 所用格式（旧版）】命令（或按"Ctrl"+"Shift"+"Alt"+"S"快捷键）导出 GIF 动画。

图11.2.15　【时间轴】面板的动作属性设置

图11.2.16　三个关键帧对应的画面

11.3　综合应用

操作实践

制作 "到爸爸背上来"

1）新建文件

执行【文件】→【新建】命令（或按 "Ctrl" + "O" 快捷键），在打开的【新建】对话框中，设置文件的大小为 1 200 px×750 px，分辨率为 72 px/in。

2）合成图像

①执行【文件】→【打开】命令（或按 "Ctrl" + "O" 快捷键），打开素材文件 "大象 . jpg" 和 "小象 . jpg"。

②用鼠标单击 "大象 . jpg" 文件，将其置为当前画布。选择【魔棒工具】，设置 "容差" 值为 "30"，然后单击除大象外的白色区域，得到该区域的选区。

③执行【选择】→【反选】命令（或按 "Shift" + "Ctrl" + "I" 快捷键），反选图像，得到大象选区。

④使用【移动工具】将大象拖到新建的文件中，生成 "图层 1"，并改名为 "大象"。

⑤采用同样方法将小象拖入新文件，并将图层改名为 "小象"，然后，执行【选择】→【自由变换】命令（或按 "Ctrl" + "T" 快捷键），将小象等比例缩小至原来的 30%，效果如图 11.3.1 所示。

3）制作动画前的准备

动作分析：大象要将小象卷起放到背上有一鼻子向下弯曲卷起的动作，要得到向下弯曲的鼻子，需要使用【操控变形工具】。

①制作大象鼻子伸向小象的效果。复制"大象"图层,得到"大象拷贝",执行【编辑】→【操控变形】命令,然后给大象钉上图钉,并拖动调整图钉使鼻子弯曲如图11.3.2所示。

图11.3.1　合成后的图像效果

图11.3.2　操控变形大象的鼻子

②制作大象鼻子卷住小象的效果。复制"大象拷贝"图层,得到"大象拷贝2",继续执行【编辑】→【操控变形】命令,然后给大象钉上图钉,并拖动调整图钉使鼻子往下勾住小象的脖子,如图11.3.3所示。

③创建耳朵图层。将"小象"图层置为当前图层,使用【钢笔工具】创建耳朵路径,并按"Ctrl"+"Enter"快捷键转换为选区,按"Ctrl"+"J"快捷键得到一个耳朵图层,将其改名为"耳朵"。同时,调整"小象"图层,将其移至"大象拷贝2"的下方。效果如图11.3.4所示。

图11.3.3　操控大象的鼻子卷住小象

图11.3.4　调整小象耳朵后的效果

④制作坐到大象背上的小象。复制"小象"图层,并将得到的"小象拷贝"图层移至图层最上方。然后,执行【编辑】→【变换】→【水平翻转】命令将复制的小象转向,同时将其移至大象的背上,效果如图11.3.5所示,此时的【图层】面板如图11.3.6所示。

4)制作动画

①执行【窗口】→【时间轴】命令,打开【时间轴】面板,并在面板中单击"创建帧动画"按钮,切换到"帧动画"模式。

②选择第一帧并设置【选择帧延迟时间】为"0.2秒";【循环选项】设置为"永远"。

③在调板上单击【复制所选帧】⬜按钮3次,复制3个"第1帧",这时帧面板上共有4帧。

④设置帧动画。各帧及对应的【图层】面板如图11.3.7—图11.3.11所示。

第一帧:显示"大象"和"小象"图层,其他图层隐藏。

第二帧:显示"大象拷贝"和"小象"图层,其他图层隐藏。

图11.3.5 制作坐在大象背上的小象

图11.3.6 准备就绪的【图层】面板

图11.3.7 【时间轴】面板

图11.3.8 第1帧对应的图层状态

图11.3.9 第2帧对应的
图层状态

图11.3.10 第3帧对应的
图层状态

图11.3.11 第4帧对应的
图层状态

第三帧：显示"大象拷贝 2""小象"和"耳朵"图层，其他图层隐藏，并设置【选择帧延迟时间】为"0.5 秒"。

第四帧：显示"大象"和"小象拷贝"图层，其他图层隐藏，并设置【选择帧延迟时间】为"2 秒"。

5）导出动画

执行【文件】→【导出】→【存储为 Web 所用格式（旧版）】命令（或按"Ctrl"+"Shift"+"Alt"+"S"快捷键）导出 GIF 动画。

第12章 | 快捷高效的动作功能

12.1 利用动作批量处理照片

知识要点

- 掌握动作控制面板；
- 掌握动作的录制与播放；
- 掌握动作编辑以及动作的高级应用（即文件自动批处理）等功能。

知识链接

1. 动作控制面板

使用【动作】面板可以记录、播放、编辑和删除个别动作，还可以用来存储和载入动作，【动作】面板有列表模式和按钮模式两种。

1) 列表模式

执行【窗口】→【动作】命令即可显示【动作】面板，默认情况下【动作】面板以列表模式显示，如图12.1.1所示。

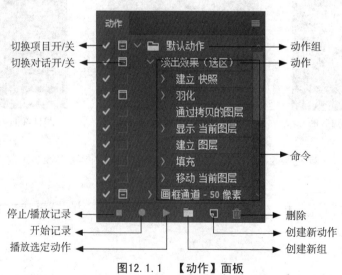

图12.1.1 【动作】面板

【切换项目开 / 关】如果动作组、动作和命令前显示有该图标，表示这个动作组、动作和命令可以执行；如果动作组或动作前没有该图标，则表示不能执行；如果某一命令没有该图标，则表示该命令不能执行。

【切换对话开 / 关】如果命令前显示该图标，表示动作执行到该命令时会暂停，并打开相应命令的对话框，此时可修改命令的参数，按下"确定"按钮可继续执行后面的动作；如果动作组和命令前出现该图标，则表示该动作中有部分命令设置了暂停。

【动作组 / 动作 / 命令】动作组是一系列动作的集合，动作是一系列命令的集合。单击命令前面的 按钮可以展开命令列表，显示命令的具体参数。

【停止播放 / 记录】用来停止播放动作和停止记录动作。

【播放选定动作】选择一个动作后，单击该按钮可播放该动作。

【开始记录】单击该按钮，可录制动作。

【创建新动作】单击该按钮，可以创建一个新的动作。

【创建新组】创建一个新的动作组，以保存新建的动作。

【删除】选择动作组、动作和命令后，单击该按钮，可将其删除。

2）按钮模式

在 Photoshop 中，还可以选择以按钮模式显示动作，单击【动作】面板中右上方的 按钮，打开菜单，在菜单中选择按钮模式命令，【动作】面板将以按钮模式显示，如图 12.1.2 显示。

在按钮模式下的【动作】面板只显示动作的名称以及属于该动作的颜色设置，要播放某一个动作，只需单击相应的动作按钮即可，但是在这种模式下不能进行动作的修改和编辑。

2. 动作的录制与播放

在播放动作之前，需要先记录动作。需要注意的是，在记录动作之前要先打开一张图片，否则系统会将打开的操作也记录下来。

图12.1.2　按钮式动作面板

1）动作的录制

操作方法：

①创建新动作。在【动作】面板中单击【创建新动作】 按钮，打开【新建动作】对话框，如图 12.1.3 所示。在"名称"中输入新动作的名称，也可选择使用默认名称；在"组"下拉列表中可选择存放动作的文件夹；在"功能键"下拉列表中可选择执行动作时的快捷键；在"颜色"下拉列表中可设置记录按钮的颜色。

图12.1.3 【新建动作】对话框 图12.1.4 新建动作面板

②录制动作。设置完毕后单击【记录】按钮即可进入记录状态,此时按钮●以红色显示,如图 12.1.4 所示。记录完毕后,单击"停止播放/记录"即可完成录制。录制过程中,文件所有执行的命令和操作,都直接记录在动作面板中,如图 12.1.5 为文件执行【图像】→【调整】→【去色】命令的前后效果。图 12.1.6 为录制的动作。

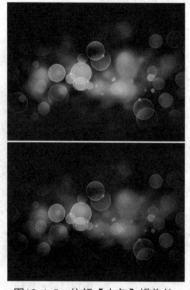

图12.1.5 执行【去色】操作的 图12.1.6 开始录制动作
前后效果

2)动作的播放

动作记录完毕后,可以直接利用,十分方便。Photoshop 为用户提供了丰富的动作效果,执行动作时需要在【动作】面板中选择需要的执行的动作播放即可。

操作方法:

在【动作】面板中找到并选择要播放的动作,然后单击【动作】面板下方的【播放选定动作】▶ 按钮,即可播放该动作。如图 12.1.7 所示为播放"动作 1"前后的效果。

图12.1.7　播放"动作1"前后的效果

注意：如果需要在播放之前进行一些播放参数设置，可以在【动作】面板菜单中选择【回放选项】命令，打开【回放选项】对话框，如图 12.1.8 所示。

【加速】选择该单选按钮表示加速播放动作。

【逐步】选择该单选按钮表示将逐步播放每一个动作。

【暂停】选择该单选按钮表示允许在执行每个动作之后暂停，暂停时间又由文本框中的数值决定。

图12.1.8　【回放选项】对话框

3. 动作的编辑

对于已记录完成的动作，可以进行各种编辑操作，如调整顺序、复制动作、删除动作、插入菜单项目、插入停止、插入路径等。

1）调整顺序

可以在【动作】面板中重新排列动作，先在【动作】面板中选中某动作，然后按住鼠标拖至合适的位置即可（与图层调整顺序操作一致）。如图 12.1.9 所示，为"水中倒影（文字）"动作中的"色相／饱和度"和"动感模糊"两个子动作的顺序调整前后对比。

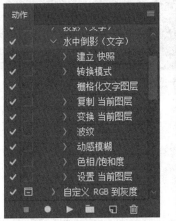

图12.1.9　动作的顺序调整前后对比

2）复制动作

动作的复制类似于图层的复制。在【动作】面板中，选择并拖动要复制的动作或命令至面板下方的【创建新动作】按钮上，然后松开鼠标，即可创建一个动作副本。

图12.1.10　删除动作对话框

3）删除动作

如需删除，先选择要删除的动作或命令，然后在【动作】面板中单击【删除】⬚按钮，此时会弹出提示对话框，如图12.1.10所示，选择"确定"即可删除动作。

4）插入菜单项目

执行【插入菜单项目】命令可以将许多不可记录的命令插入到动作中，先选择插入菜单项目的位置，然后在【动作】面板右上角的下拉菜单中选择"插入菜单项目"命令，打开【插入菜单项目】对话框，如图12.1.11所示。

图12.1.11　【插入菜单项目】对话框

5）插入停止

可以在动作中插入停止命令，以执行无法记录的任务（如使用绘图工具），也可以在动作停止时显示一条信息，可用于提醒。

先选取插入停止的位置，然后在【动作】面板右上角的下拉菜单中选择"插入停止"命令，打开【记录停止】对话框，如图12.1.12所示。

图12.1.12　【记录停止】对话框

6）插入路径

可以将图像中创建的工作路径插入到动作中，这样，以后创建路径就可以直接使用该动作。

先在【路径】面板中选择需要插入的路径名，接着在【动作】面板中确定需要插入的位置，然后在【动作】面板右上角的下拉菜单中选择"插入路径"命令即可。

4. 动作的高级应用

动作的高级应用（即文件自动批处理）是指将动作应用于目标文件，可以帮助用户完成大量的、重复性的操作，以节省时间，提高工作效率，并实现图片的自动化处理。例如，如果要对一大批照片或图像文件进行相同的处理，如调整照片的大小和分辨率，或者进行锐化、模糊等，就可以先将其中一张照片的处理过程录制为动作，再通过批处理将该动作应用于其他照片，完成编辑。

"批处理"对话框

执行【文件】→【自动】→【批处理】命令, 即可打开【批处理】对话框, 如图 12.1.13 所示。

图12.1.13　【批处理】对话框

【源】该项可以指定要处理的文件。选择"文件夹"并单击下方"选择"按钮, 可选择某一个文件夹进行处理。

【覆盖动作中的"打开"命令】在批处理时忽略动作记录中的"打开"命令。

【包含所有子文件夹】将批处理应用到所选文件夹中包含的子文件。

【禁止显示文件打开选项对话框】进行批处理时不会打开文件选项对话框。

【禁止颜色配置文件警告】关闭颜色方案信息的显示。

【目标】该项可选择完成批处理后文件的保存位置。选择"文件夹"并单击下方"选择"按钮, 可指定用于保存文件的文件夹。

【覆盖动作中的"存储为"命令】如果动作中包含"存储为"命令, 勾选该项后, 在进行批处理时, 动作中的"存储为"命令将引用批处理的文件。

【文件命名】将"目标"选项设置为文件夹后, 可在该选项组的 6 个选项中设置文件的命名规范, 指定文件的兼容性。

12.2　综合应用

操作实践

对图片批量处理添加水印

1）设置保存的文件

在进行批处理之前, 先将需要处理的文件整理至一个文件夹中, 并按顺序排序, 接着新建文件夹作为目标文件保存, 命名为"处理后文件"。

2）对图片批处理添加水印

①执行【窗口】→【动作】命令, 打开【动作】面板, 单击动作面板下方的【创建新动作】 ⬚

按钮,打开【新建动作】对话框,在"名称"中将文件命名为"添加水印",其他不变,单击"记录"按钮确定,如图12.2.1所示。

②执行【文件】→【打开】命令(或按"Ctrl"+"O"快捷键),打开"1. jpg"文件,如图12.2.2所示。

图12.2.1 【新建动作】对话框

图12.2.2 打开图像

③执行【图像】→【图像大小】命令,打开【图像大小】对话框,将"宽度"和"高度"均改为原稿的"35%","分辨率"改为"72 px/in",如图12.2.3所示,然后单击"确定"按钮。

图12.2.3 调整图像大小

④选择【文字工具】,设置字体为"方正粗倩简体",大小为"72 px/in",输入文字"photomatix",如图12.2.4所示。

⑤使用移动工具调整文字的位置,并修改文字图层的"不透明度"为"50%",如图12.2.5所示。

图12.2.4 输入文字

图12.2.5 修改图层不透明度后的效果

⑥执行【文件】→【存储为】命令保存文件在"处理后文件"文件夹中。

⑦这时可以看到【动作】面板记录了上面所操作的全部步骤，单击【停止播放 / 记录】■ 即可完成录制，如图 12.2.6 所示。

⑧执行【文件】→【自动】→【批处理】命令，在弹出来的对话框中进行设置，在"组"下拉列表选择"默认动作"，在"动作"下拉列表选择"添加水印"动作；在"源"中选择

图12.2.6 完成动作的录制

要添加水印的"风景"文件夹，在"目标"中选择图片处理后存储的文件夹，并在覆盖动作中的"存储为"命令前打钩，设置好后单击"确定"按钮，开始执行批处理命令即可，设置如图 12.2.7 所示。

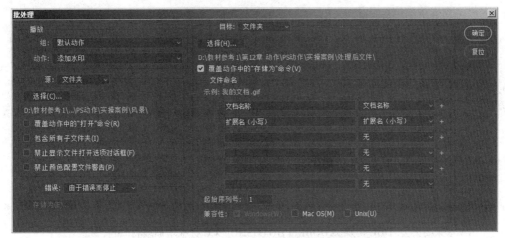

图12.2.7 【批处理】对话框

参考文献

[1] 老虎工作室, 郭成军, 李辉, 冯明 .Photoshop 中文版图像处理实战训练 [M]. 北京: 人民邮电出版社, 2003.

[2] 关文涛 . 选择的艺术——Photoshop CS 图像处理深度剖析 [M]. 北京: 人民邮电 出版社, 2005.

[3] Ben Willmore.Photoshop CS2 中文版完全剖析 [M]. 北京: 人民邮电出版社, 2006.

[4] 雷波 .Photoshop 图层与通道艺术 II——完全解析版 [M]. 北京: 中国电力出版社, 2007.

[5] 潘瑞兴 .Photoshop CS3 混合模式应用技术精粹 [M]. 北京: 清华大学出版社, 2009.

[6] Dan Margulis.Photoshop 修色圣典 (2014) [M].5 版 . 北京: 人民邮电出版社, 2009.

[7] 杨聪 . Photoshop CS3 平面设计案例实训教程 [M]. 北京: 中国人民大学出版社, 2009.

[8] ACAA 专家委员会, DDC 传媒 .ADOBE®PHOTOSHOP®CS5 标准培训教材 [M]. 北京: 人民邮电出版社, 2010.

[9] 李涛 .Photoshop CS5 中文版案例教程 [M]. 北京: 高等教育出版社, 2012.

[10] ACAA 专家委员会, DDC 传媒 .ADOBE®PHOTOSHOP®CC 标准培训教材 [M]. 北京: 人民邮电出版社, 2014.